博碩文化

超實用！**Word・Excel・PowerPoint**

辦公室Office 365
省時高手必備50招 第4版

圖文步驟說明 ＋ 關鍵技巧提示
＝ 掌握方法與應用

專為職場人員設計的超好用範例！
快速簡便，立即就能用！完成工作不費力！
從建立文件到簡報製作，
Office 功能一本搞定！

張雯燕 著

輸入 編輯 格式化 列印 圖表和圖像 表格 公式 函數 投影片製作 動畫 簡報

作　　者：張雯燕 著
責任編輯：Cathy

董 事 長：曾梓翔
總 編 輯：陳錦輝

出　　版：博碩文化股份有限公司
地　　址：221 新北市汐止區新台五路一段 112 號 10 樓 A 棟
　　　　　電話 (02) 2696-2869　傳真 (02) 2696-2867

發　　行：博碩文化股份有限公司
郵撥帳號：17484299　戶名：博碩文化股份有限公司
博碩網站：http://www.drmaster.com.tw
讀者服務信箱：dr26962869@gmail.com
訂購服務專線：(02) 2696-2869 分機 238、519
（週一至週五 09:30 ～ 12:00；13:30 ～ 17:00）

版　　次：2024 年 9 月初版

建議零售價：新台幣 420 元
I S B N：978-626-333-966-8
律師顧問：鳴權法律事務所 陳曉鳴律師

本書如有破損或裝訂錯誤，請寄回本公司更換

國家圖書館出版品預行編目資料

超實用 !Word.Excel.PowerPoint 辦公室 Office
365 省時高手必備 50 招 / 張雯燕作 . -- 四版 .
-- 新北市：博碩文化股份有限公司 , 2024.09

面；　公分

ISBN 978-626-333-966-8(平裝)

1.CST: OFFICE(電腦程式)

312.49O4　　　　　　　　　　113013170

Printed in Taiwan

歡迎團體訂購，另有優惠，請洽服務專線
博 碩 粉 絲 團　(02) 2696-2869 分機 238、519

序

Office 365 是 Microsoft 推出的訂閱式軟體，號稱訂戶可以搶先體驗最新版本，或許要避免更新幅度太大，使用者會面臨操作上的困難，所以使用上和 Office 2021 沒有太大的差別，這應該也意味著大家可以停止追逐學習最新版的迷思。

本書的範例和操作過程，和以往版本大同小異，在編寫時一度想要放棄，總覺得無法提供給讀者更好的學習體驗。翻閱舊版書籍時，突然覺得看書真的是一件非常吃力的事，尤其是看著圖片內的文字，簡直想拿出放大鏡。我想或許讀者也會有相同的情況，於是確定本書的風格走向，就是以清晰的圖片為主軸。

因此不再執著能不能想出更好的範例，而是花了相當多的時間在「修圖」，刪除螢幕畫面中空白的部分，將工作視窗縮小到與實體圖片差不多的大小，在有限空間中聚焦要介紹的功能，雖然這麼做在操作上十分麻煩，可是呈現出來的效果還不錯，當然還有再進步的空間，看來要好好研究繪圖軟體才行。

最後還是希望本書可以讓讀者滿意，讓大家可以在最短的時間學習到 Office 的精華，足以應付工作上大小事務。還是那句老話，希望大家可以節省工作的時間，多點時間享受生活。

張雯燕

2 PART Excel財務試算

3 PART PowerPoint 商務簡報

4 PART Office 365 實用整合

A APPENDIX 探索 Office 365 的翻譯能力

線上資源下載

範例檔下載：

https://www.drmaster.com.tw/bookinfo.asp?BookID=MI22406

下載後執行解壓縮，密碼為 drmaster-MI22406

PART

準備工作篇

壹　認識 Office 365 軟體

　　近年來為了因應 MS Office 軟體版本更新，消費者必須經常購買更新軟體的困擾，Microsoft 推出了訂閱式的 Office 365，針對大家現今的工作方式，提供整合的各種工具軟體，讓任何人都能隨時隨地透過任何裝置建立和共用內容，使用者只需支付月費或年費，即可享用所有 Office 系列軟體，而且隨時隨地都是最新的版本。

　　一般家用消費者可以依據家中裝置的數量（電腦、平板或手機），選擇 5 台裝置使用的家用版，或是單台裝置使用的個人版軟體訂閱；企業也可依據是否建置商業電子郵件選擇商務版或是商務進階版，再依照企業人數進行訂閱。

　　Office 365 軟體系列比起基礎的 Office 2021 家用版只有 Word（文書處理）、Excel（試算表）、PowerPoint（簡報製作），相對豐富了許多，但是一般家庭實際上會使用的軟體，還是以傳統買斷式的 Office 居多，家用消費者可以多加考量後再做決定。

貳 訂閱及安裝 Office 365

想要訂閱（購買）Office 365 可以至 Microsoft 官網上訂閱，推廣期間家用版有試用一個月的活動，消費者可以先體驗再決定要按月付費或是以年計費，不過不論試用或正式訂閱，都要先建立 Microsoft 帳號和輸入信用卡資料。如果不想在官網上儲存信用卡資料，您也可以上購物網站購買整年份的盒裝版或訂閱版，價格會比官網上優惠一些，不過就沒有免費試用一個月的優惠。

從官網上找到免費試用的入口，按下「免費試用 1 個月」鈕，跟著指示登入帳號→選取付款方式→檢閱並確認→取得 Office 等步驟，就可以使用免費的 Office 365。訂閱後若沒有自動進行安裝程序，或是想在不同的裝置上安裝 Office 365，可到「服務與訂閱」處找到相關訂閱資訊，並按下「安裝」鈕即可進行安裝程序。

安裝時，別忘了選取「中文（繁體）」的語言（當然要練習其他語言也行），重要的是選擇適合的版本，如果要節省其他裝置下載時間，可以勾選「下載離線安裝程式」選項，利用 USB 隨身碟讓其他裝置進行安裝。

安裝完畢後，就可以從「開始」功能表或是「我的 Office」中找到安裝的程式了！

參 Office 365 工作環境

　　Office 軟體間都有相同模式的使用介面，讓人一眼就可以看出是同一家族成員，大致上可分成功能區、編輯區和狀態列三大區塊。

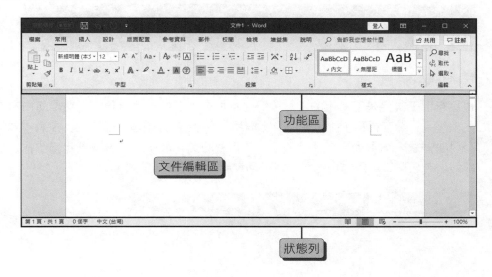

一、功能區

　　功能區中又可以細分成「標題列」、「索引標籤」和群組式的「功能按鈕」。

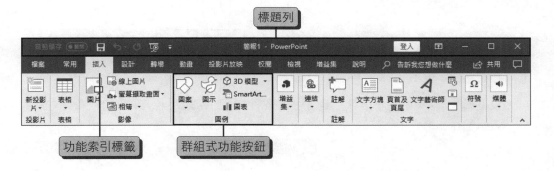

(一) 標題列

中央的部分主要顯示檔案名稱和軟體名稱；最左邊則是「快速存取工具列」，設有常用的功能鈕。在右邊則有 5 個按鈕，分別為「登入」、「功能區顯示選項」、「最小化」、「往下還原」和「關閉視窗」等功能。

✦ 快速存取工具列

快速存取工具列是將常用的工具按鈕直接放在視窗左上角，預設的功能鈕由左而右依序為「儲存檔案」、「復原」及「取消復原」，依據硬體設備不同，還有「觸控/滑鼠模式」，方便使用者快速選用。按下 ⋮ 鈕還可顯示更多被隱藏起來的快速功能鈕，若勾選清單內的功能鈕，則可選定於快速存取工具列。

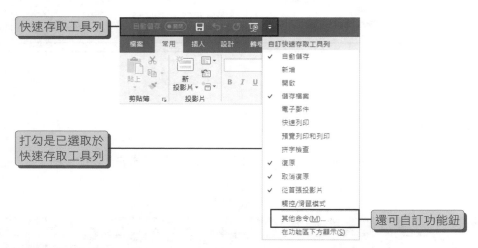

✦ 功能區顯示選項

按下 ⊞ 「功能區顯示選項」鈕，可選擇功能區的範圍大小，預設的樣式為「顯示索引標籤和命令」。

配合文件編輯的習慣，選擇適當的功能區顯示選項，可適度增加文件編輯區的範圍。

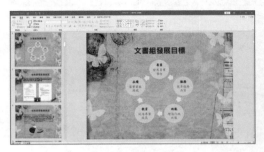

【顯示索引標籤和命令】　　　　　　　　　　　　【自動隱藏功能區】

(二) 索引標籤和群組式功能鈕

索引標籤主要用來區分不同的核心工作，例如「常用」、「插入」、「檢視」…等，依照不同的軟體會有不同主題的功能索引標籤。

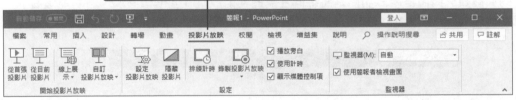

【PowerPoint「投影片放映」功能索引標籤】

【Excel「公式」功能索引標籤】

除了固定式的索引標籤外，還會因應特定的功能，提供進階的工具索引標籤，如「繪圖工具」、「圖片工具」、「SmartArt 工具」、「表格工具」…等，只有游標點選到該物件才會顯示。

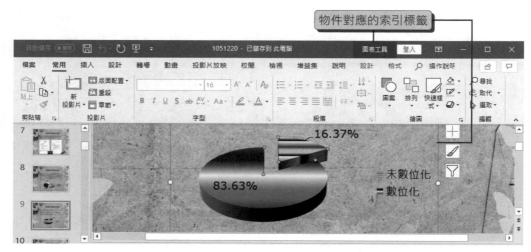

【PowerPoint「圖表工具\設計」功能索引標籤】

㈢　群組式功能鈕

　　而位於索引標籤下方的群組式功能鈕，則會依照不同的功能索引標籤，顯示對應的功能鈕。所謂群組式功能是將相同性質的功能放置在同一個區塊，若功能區右下角有顯示 ⏷ 符號，則表示可以開啟相對應的對話方塊或工作窗格。

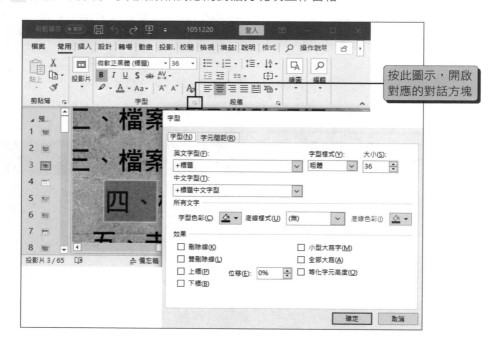

二、文件編輯區

文件編輯區依照不同軟體有不同風貌，Word 就是一片空白、Excel 就是密密麻麻的儲存格、PowerPoint 則是一張紙，但是都會有水平捲軸和垂直捲軸，可以捲動捲軸顯示窗外的內容。

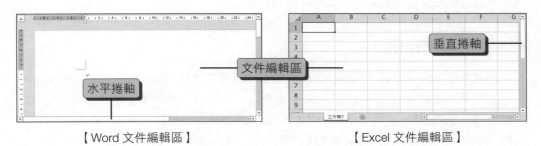

【Word 文件編輯區】　　　　　　　　【Excel 文件編輯區】

三、狀態列

位於文件最下方除了顯示編輯文件的資訊外，還可以控制文件的檢視模式和顯示比例。

【Word 狀態列】

【Excel 狀態列】

【PowerPoint 狀態列】

肆 基本操作與設定

　　Office 操作介面有許多人性化的設計，依據自己的操作習慣設定最佳化的工作環境，可以讓使用者在編輯過程中更加得心應手。

一、變更顯示比例

　　想要變更文件在螢幕上的顯示比例很簡單，直接在狀態列上拖曳 - ────🔲──── + 100% 縮放控制鈕，或按「−」、「+」鈕以 10% 比例增減，就可以快速變更顯示比例。也可以按狀態列上 100% 顯示比例，或是切換到「檢視」功能索引標籤，按下「顯示比例」圖示鈕，開啟「顯示比例」（縮放）對話方塊，再依照想要設定的比例選擇即可。

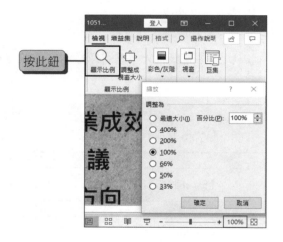

二、設定作者資訊

　　文件在儲存或是插入頁首與頁尾都會自動插入作者資訊，預設值都是登入 Word 時所設定的名稱，如果要修改預設值，就必須進入選項中修訂。

操作步驟

1 按下「檔案」功能索引標籤，進入檔案功能視窗。

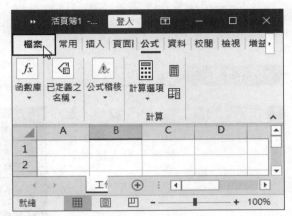

2 按下「選項」鈕進行「選項」設定。

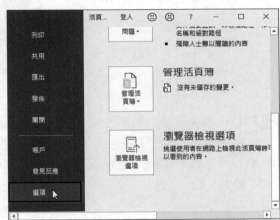

3 開啟「選項」對話方塊，在「一般」索引標籤中，輸入「使用者名稱」後，按下按「確定」鈕即可。

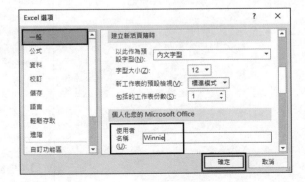

三、摘要資訊

如果只是想修改某一份文件的作者資訊，就不需要在「選項」中修改，只要在「檔案」功能視窗中，設定該份文件的摘要資訊即可。

操作步驟

1 按下「檔案」功能索引標籤，進入檔案功能視窗，按下「摘要資訊」清單鈕，選擇執行「進階摘要資訊」指令。

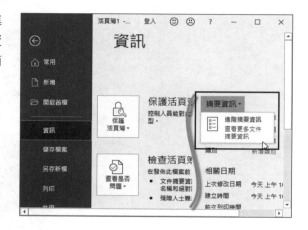

2 開啟「摘要資訊」對話方塊，在「摘要資訊」索引標籤中，輸入標題、主旨、作者…等資訊，按「確定」鈕。

3 當執行「儲存檔案」指令時，摘要資訊就會一併被儲存在此份文件中。

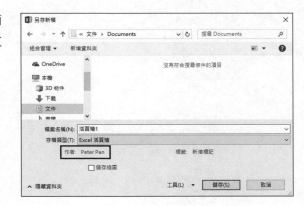

四、設定自動回覆時間

編輯文件時最怕無預警的 " 當機 "，光慘叫是無法解決事情的！雖然 Office 會自動幫使用者儲存檔案，但是預設每十分鐘儲存一次，能夠滿足你的需求嗎？不妨設定能容忍的時間吧！

按下「檔案」功能索引標籤，進入檔案功能視窗，按下「選項」鈕，開啟「選項」對話方塊，在「儲存」索引標籤中，設定「儲存自動回覆資訊時間間隔」的分鐘數，按「確定」鈕即可。

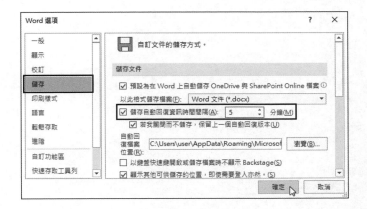

Word 文書應用

範例檔案：Word 範例檔 \Ch01 公司內部公告

單元 01 公司內部公告

開會通知

與會部門：行政管理部

開會時間：108 年 2 月 22 日 (星期五) 下午二時正

開會地點：公司會議室

開會內容：

　1.落實訪客登記制度

　2.應徵新進人員標準流程

　3.檢討消耗性物品管理缺失

　4.討論三月份慶生會相關事項。

行政管理部 108.2.12

公司內部公告事項有很多種類，有比較正式的人事公告，也有部門內部簡易的開會通知。本單元就以較簡易的部門開會通知為範例，利用簡單的字型大小變化以及文字對齊方式等基本功能，完成一份公司內部公告。

範例步驟

1 利用一些 Word 的基礎功能，就可以將內部開會通知製作的有模有樣喔！開啟 Word 程式，按「空白文件」圖示鈕，開始建立文件。

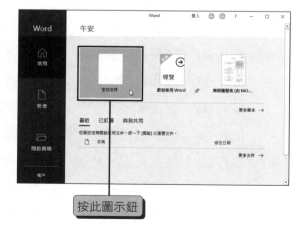

按此圖示鈕

2　新增的 Word 文件會自動以「文件 1」作為檔案名稱，文件起點也會出現可輸入文字的編輯插入點，準備開始輸入文字。

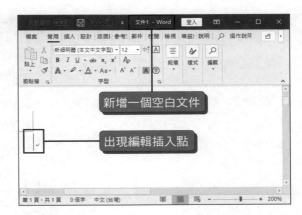

新增一個空白文件

出現編輯插入點

3　首先依照下表輸入文字。Enter 表示按下鍵盤 [Enter] 鍵；[Shift] + [Enter] 表示先按住鍵盤【Shift】鍵，再按下【Enter】鍵。

開會通知 [Enter]

與會部門：行政管理部 [Enter]

開會時間：108 年 2 月 22 日（星期五）下午二時正 [Enter]

開會地點：公司會議室 [Enter]

開會內容： [Enter]

1. 落實訪客登記制度 [Shift] + [Enter]

2. 應徵新進人員標準流程 [Shift] + [Enter]

3. 檢討消耗性物品管理缺失 [Shift] + [Enter]

4. 討論三月份慶生會相關事項。

輸入完成後，將游標移到第 4 點下方約 2 列的列首位置，快按滑鼠左鍵兩下，可直接將編輯插入點移到此處。

TIPS

使用【Enter】鍵時，表示此段落文字已經輸入完成，編輯標記會以 ↵ 符號表示；使用【Shift】+【Enter】鍵，表示該段落文字尚未輸入完畢，只是強迫換行，編輯標記會以 ↓ 符號表示。

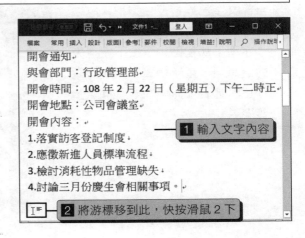

1 輸入文字內容

2 將游標移到此，快按滑鼠 2 下

4 出現編輯插入點後，繼續輸入文字「行政管理部 108.2.12」。

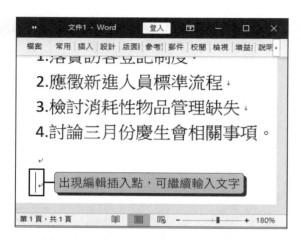

5 預設的中文字型為「新細明體」，本範例要將文字變更成「微軟正黑體」。切換到「常用」功能索引標籤，在「編輯」功能區中，執行「選取 \ 全選」指令，選取所有文字。

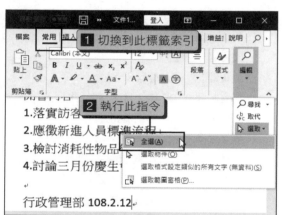

6 全部文字已經被反白選取。繼續於「常用」功能索引標籤，在「字型」功能區中，按下字型旁的清單鈕，重新選擇字型為「微軟正黑體」，此時內文也能同步預覽變更。

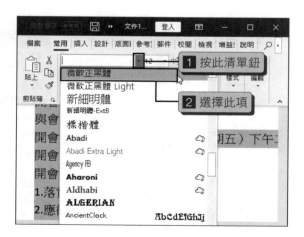

7　通常公告的字體要較大一些，繼續在「字型」功能區中，按下字型大小旁的清單鈕，重新選擇字型大小為「16」，以便張貼時閱讀。

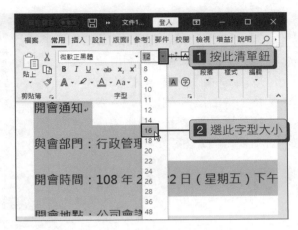

8　將游標移到第一行文字前方，按下滑鼠左鍵，選取整行文字。

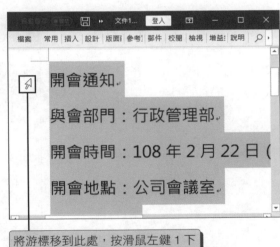

將游標移到此處，按滑鼠左鍵 1 下

9　因為是標題文字，因此再次修改字型大小為「22」，接著切換到「段落」功能區中，按下 ≡「置中」對齊圖示鈕，將標題文字於文件置中對齊。

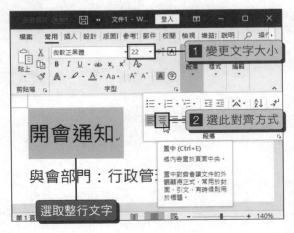

10 同樣將滑鼠移到標號 1 文字前方，按住滑鼠左鍵用拖曳的方式，直到標號 4 後放開滑鼠，選取連續 4 行文字。繼續在「段落」功能區中，按下 ■「增加縮排」圖示鈕 2 下，將標號處文字向後縮排 2 個字元。

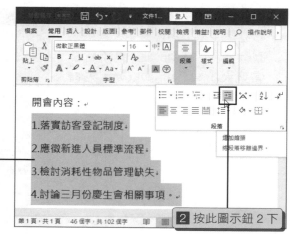

11 選取最後一行文字，同樣也在「段落」功能區中，按下 ■「靠右對齊」圖示鈕，將文字靠齊紙張右邊界。

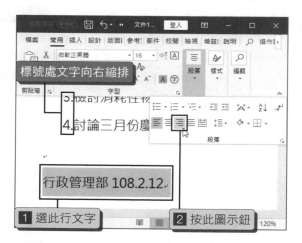

12 文件編排完成後，可以進行儲存檔案或列印的工作，按下「檔案」功能索引標籤。

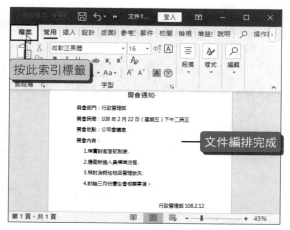

13 首先切換到「列印」索引標籤，可以先預覽列印的效果。如果文件沒有其他問題，則選擇已安裝的印表機選項，最後按下「列印」鈕，進行列印的工作。

14 接著切換到「儲存檔案」索引標籤，如果是以「開啟舊檔」方式開啟的文件，當按下此鈕後，則會自動儲存後回到編輯視窗。
本範例是直接以新增空白文件開始編輯，因此會自動跳到「另存新檔」標籤功能區。選擇儲存到「電腦」中，選擇儲存到「文件」資料夾，在此輸入檔名「1080212 內部公告」，按下「儲存」鈕即可。

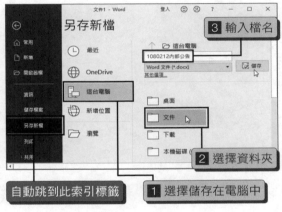

15 若是習慣在以前的「另存新檔」對話方塊中進行存檔工作，可按下「瀏覽」鈕，則會另外開啟「另存新檔」對話方塊。

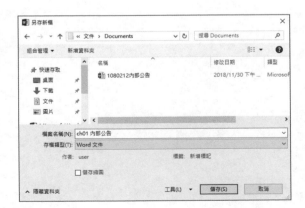

16 當再次開啟 Word 程式，或開啟
舊檔時，最近使用儲存或使用過
的檔案名稱，會顯示在「最近」
工作窗格中，直接按下檔案名
稱，則可再次開啟編輯文件。

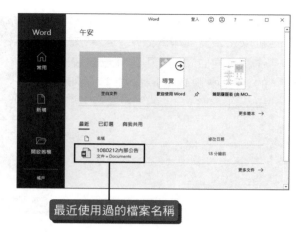

最近使用過的檔案名稱

範例檔案：Word 範例檔 \Ch02 訪客登記表

單元 **02** 訪客登記表

公司員工進出辦公室時，通常都有門禁卡或是員工識別證可供辨識，但是外來的廠商或訪客，建議填寫訪客基本資料後，給予訪客識別證，才能進出辦公室，作為門禁控管的方法。

範例步驟

1 本單元將介紹定位點和表格的基礎功能，請開啟 Word 程式並新增空白文件。第一行輸入文字「訪客登記表」，輸入完成後，在「常用」功能索引標籤的「樣式」功能區中，按下清單鈕，選擇「標題 1」編輯樣式。文字會被自動設定為字型「新細明體（標題）」、字型大小「26」及「粗體」。

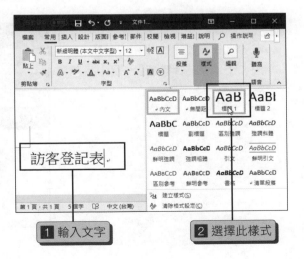

2 在文件中顯示尺規，方便設定定
　位點。切換到「檢視」功能索引
　標籤，在「顯示」功能區中，勾
　選「尺規」項目。

3 文件出現垂直及水平的尺規，在
　兩尺規交界處有 ∟「靠左定位
　點」符號，按一下 ∟ 符號，讓定
　位點變成 ⊥「置中定位點」符
　號。

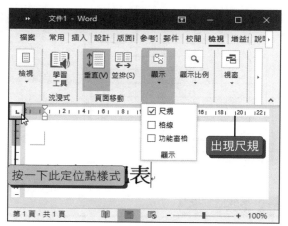

4 將游標移到水平尺規上約 16 公分
　處（文件編輯區水平中央位置），
　按一下滑鼠左鍵設定「置中定位
　點」。

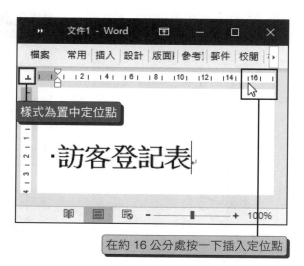

5 此時尺規 16 公分處會出現一個「置中定位點」的符號。移動編輯插入點到第一行文字最前方，按下鍵盤上【Tab】鍵，讓文字以定位點為中心置中對齊。

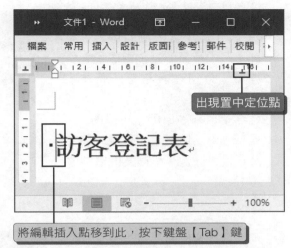

出現置中定位點

將編輯插入點移到此，按下鍵盤【Tab】鍵

6 移動編輯插入點到第一行文字最後方，按下鍵盤【Enter】鍵，換行後會自動回到「內文」編輯樣式，也就是字型大小回到「12」。（若是直接調整字型大小時，換行後會延續上一行的字型設定。）

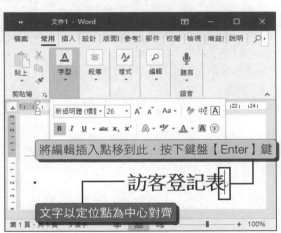

將編輯插入點移到此，按下鍵盤【Enter】鍵

文字以定位點為中心對齊

7 接著要繪製表格，切換到「插入」功能索引標籤，在「表格」功能區中，按下「表格」鈕，按住滑鼠左鍵，使用拖曳的方式，選擇插入「7×8」的表格範圍。

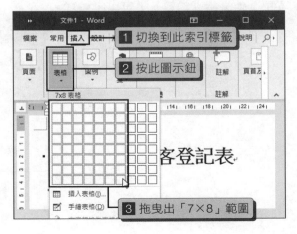

1 切換到此索引標籤

2 按此圖示鈕

3 拖曳出「7×8」範圍

8 插入表格後，會出現「表格工具」功能索引標籤，包含「設計」及「版面配置」兩個子索引標籤。分別在表格第一行中，輸入標題文字「日期」、「訪客姓名」、「來訪原因」、「部門＼人員」、「到訪時間」、「離開時間」及「備註」，共七個表格標題文字。

顯示「表格工具」功能標籤

輸入表格標題

9 由於文件邊界有點寬，導致表格有點擠，不妨修改文件邊界。切換到「版面配置」功能索引標籤，在「版面設定」功能區中，按下「邊界」清單鈕，選擇「窄」邊界樣式。

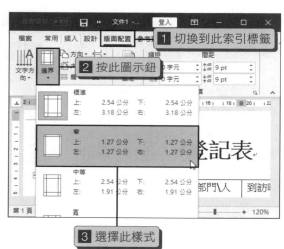

1 切換到此索引標籤

2 按此圖示鈕

3 選擇此樣式

10 文件編輯區變寬了，可以將欄寬加寬一些，讓標題文字在同一行。切換到「表格工具＼版面配置」功能索引標籤，在「儲存格大小」功能區中，按下「自動調整」清單鈕，執行「自動調整成內容大小」指令。

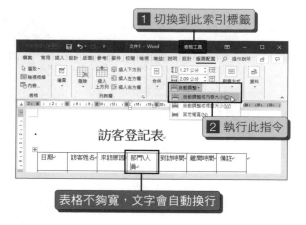

1 切換到此索引標籤

2 執行此指令

表格不夠寬，文字會自動換行

11 表格寬度依照文字長度自動調整欄寬。同樣在「儲存格大小」功能區中，再按下「自動調整」清單鈕，執行「自動調整成視窗大小」指令，將整個表格調整與文件編輯區同寬。

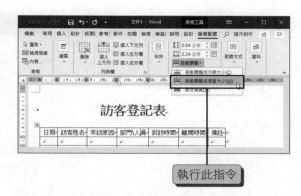

執行此指令

12 表格變寬之後，可將標題文字從靠左上方對齊改成置中對齊。選取表格第一列，切換到「對齊方式」功能區中，按下「對齊中央」 图 圖示鈕，也就是水平、垂直都置中對齊。

2 執行此指令

1 選取表格第一列

13 表格只有 8 列似乎太浪費紙張，不妨多加幾列。當游標移到表格第一欄前方、列與列交界處，則會出現 ⊕ 符號，按下「加號」，則可以在下方新增一列。

按此鈕

14 如果一次要加很多列,可以先選取多列表格,在「表格工具\版面配置」功能索引標籤,切換到「列與欄」功能區中,執行「插入下方列」指令,依相同方法將總列數加到 16 列(含標題)。

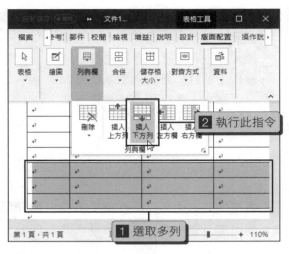

15 將游標移到最後一列的下框線位置,當游標符號變成 ÷,按住滑鼠左鍵,向下拖曳調整列高到接近文件下邊界。

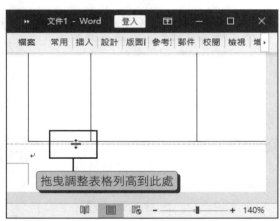

拖曳調整表格列高到此處

16 將游標移到表格的左上方 ⊞ 位置,當游標變成 ⃰⃰ 符號,按一下滑鼠左鍵,則可選取整張表格。

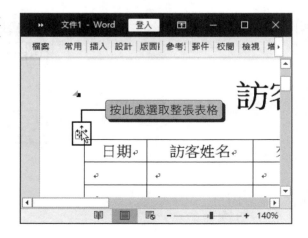

按此處選取整張表格

17 在「表格工具 \ 版面配置」功能
索引標籤的「儲存格大小」功能
區中，執行「平均分配列高」指
令，調整表格列高成相同高度。

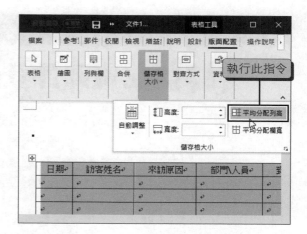

18 因為調整過頁面邊界，原本在 16
公分處的置中定位點，已經不是
文件的中央。請將編輯插入點移
到第一行文字，再將游標移到
「置中定位點」⊥ 符號上方，按
住滑鼠左鍵，用拖曳的方式將定
位點移到約 22 公分處，放開滑鼠
即完成調整定位點。

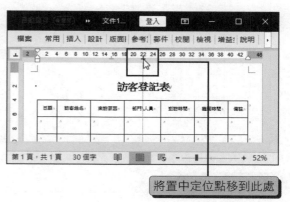

將置中定位點移到此處

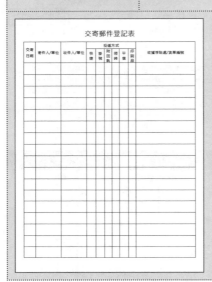

範例檔案：Word 範例檔 \Ch03 交寄郵件登記表

單元 **03** 交寄郵件登記表

隨著網路發達，許多文件可以靠網路傳輸檔案，但是重要文件或是實體物件，還是要倚靠傳統的郵局寄送服務。寄出的郵件為避免遺失，交寄的記錄最好保存下來，以方便日後查詢使用。

範例步驟

1 請先開啟「Word 範例檔」資料夾中的「Ch03 交寄郵件登記表 (1).docx」，本單元要繼續介紹表格工具的功能。選取包含「投遞方式」旁的 6 個儲存格，切換到「表格工具 \ 版面配置」功能索引標籤，在「合併」功能區中，執行「合併儲存格」指令。

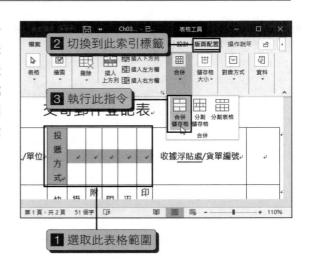

2 原本 6 個儲存格合併成單一儲存格。將游標移到「收據浮貼處 / 貨單編號」表格標題上方，當游標變成 ↓ 符號，按住滑鼠左鍵，向右拖曳選取 2 欄，繼續在「合併」功能區中，執行「分割儲存格」指令。

合併成單一儲存格

3 開啟「分割儲存格」對話方塊，將原本預設的欄數「4」修改成欄數「1」，列數維持不變，確定勾選「分割儲存格前先合併」選項，按下「確定」鈕。

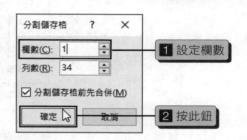

4 明明是執行分割儲存格，結果卻意外呈現合併儲存格的效果。選取「收據浮貼處 / 貨單編號」表格標題及下方共 2 個儲存格，按滑鼠右鍵開啟快顯功能表，執行「合併儲存格」指令。

TIPS

其實更便捷的方法就是直接刪除整欄，將原來的 2 欄變成 1 整欄，但利用分割儲存格指令，也可以達到相同的效果。

5 選取「交寄日期」、「寄件人／單
位」、「收件人／單位」及下方儲
存格共 6 個，切換到「表格工
具＼版面配置」功能索引標籤，
在「合併」功能區中，再次執行
「分割儲存格」指令。

6 開啟「分割儲存格」對話方塊，
將預設欄數「6」修改成欄數
「3」，列數「2」修改成列數
「1」，勾選「分割儲存格前先合
併」選項後，按下「確定」鈕。

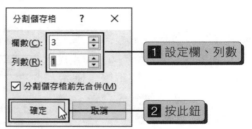

7 因為原本三欄欄寬不同，合併後
會平均分配欄寬，因此還要再調
整。將游標移到「交寄日期」和
「寄件人／單位」交界處，當游
標變成 ◈ 符號，按住滑鼠左鍵，
向左拖曳到與原本欄寬相同，即
可放開滑鼠。

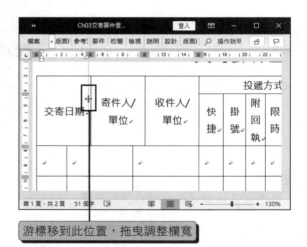

8 依照相同方法，將游標移到「寄件人/單位」和「收件人/單位」交界處，調整欄寬與原表格一致。

9 選取「快遞」~「印刷品」等 6 個儲存格，切換到「常用」功能索引標籤，在「段落」功能區中，按下 ‌‌「行距與段落間距」的清單鈕，執行「行距選項」指令。

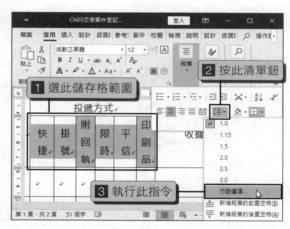

10 開啟「段落」對話方塊，按下「單行間距」旁清單鈕，將行距改成「固定行高」。

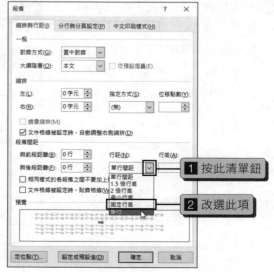

11 繼續設定行高為「15」點,完成後按下「確定」鈕。

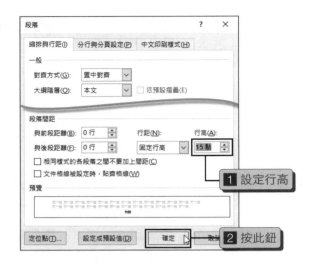

12 調整後的行高比較小,字與字的距離變得比較近。由於表格長度超過第二頁時,預設值不會出現表頭名稱及標題列,如果希望同時出現,必須將表頭名稱包含在表格裡面。

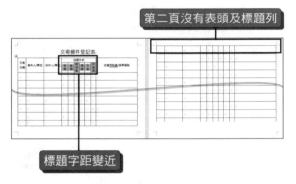

13 將編輯插入點移到表格任何儲存格中,切換到「表格工具\版面配置」索引標籤,在「繪圖」功能區中,執行「手繪表格」指令。

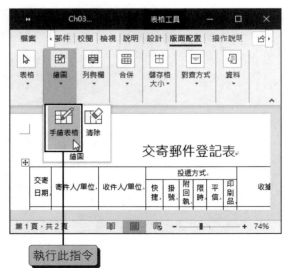

14 此時游標會變成 ✐ 符號，將游標符號移到上邊界和左邊界交界處，按住滑鼠左鍵，此時游標會變成 ⬐✐ 符號，繼續按住滑鼠，拖曳游標到原表格的右上角位置，繪製出新增表格的範圍，放開滑鼠即完成手繪表格。

15 表頭標題納入表格範圍，並自動繪製框線，如果想要看起來和原本相同，而不是屬於表格的一部分，就必須取消部分框線。由於此時游標還是在手繪表格模式，必須再執行一次「手繪表格」指令，才可以取消繪製表格功能。

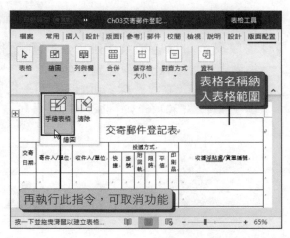

16 將編輯插入點移到表頭標題儲存格中，切換到「表格工具 \ 設計」索引標籤，在「框線」功能區中，按下「框線」清單鈕，按一下「上框線」，則可取消上框線。

TIPS
表格中相鄰的儲存格共用框線，此範例下框線與原本表格的上框線重疊，因此不必取消。

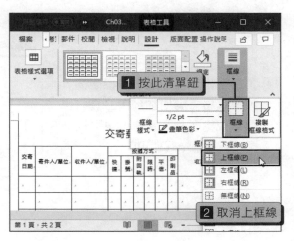

17 重複按下「框線」清單鈕，依序再取消「左框線」和「右框線」。

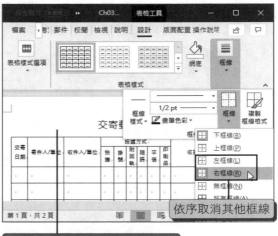

依序取消其他框線

取消框線後，看起來和原本相同

18 選取標頭和標題列共 3 列，切換到「表格工具 \ 版面配置」功能索引標籤，在「資料」功能區中，執行「重複標題列」指令。

1 選取此 3 列　　　**2** 執行此指令

19 第二頁出現表頭名稱和標題列，如果表格持續增加到第三頁，也會出現標題列，實務上也可以搭配「頁碼」一起使用。

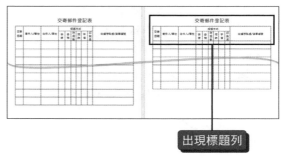

出現標題列

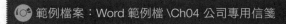
範例檔案：Word 範例檔 \Ch04 公司專用信箋

單元 04　公司專用信箋

大部分公司行號都會設計專屬的 LOGO，並應用在信封或文件上。而行政部門對公司內、外，經常會有文書方面的往來，不妨利用文書處理軟體，設計公司電子書信的專用信箋。本單元主要是利用「頁首及頁尾」功能，搭配一些繪圖工具進行設計範本。

範例步驟

1　請開啟 Word 程式並新增空白文件，因為頁首必須加入公司 LOGO 及名稱，預設邊界所預留的空間可能不夠，因此必須先調整邊界設定。切換到「版面配置」功能索引標籤，在「版面設定」功能區中，按下「邊界」下拉式清單鈕，執行「自訂邊界」指令。

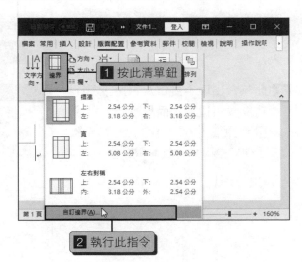

2 開啟「版面設定」對話方塊,切換到「邊界」索引標籤,設定上邊界「3.5 公分」、下邊界「2.5」公分、左邊界「2 公分」和右邊界「2 公分」,設定完成按「確定」鈕即可。

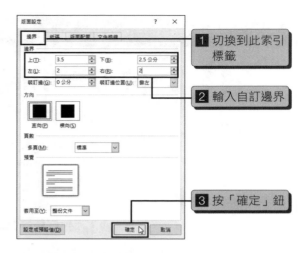

3 切換到「插入」功能索引標籤,在「頁首及頁尾」功能區中,按下「頁首」清單鈕,執行「編輯頁首」指令。

4 此時會出現「頁首及頁尾工具」功能索引標籤,而編輯插入點會移到頁首位置,輸入公司名稱「樂遊國際旅行社有限公司」。

5 選取公司名稱文字，切換到「常用」功能索引標籤，在「字型」功能區中，重新設定字型為「微軟正黑體」、「粗體」，字型大小「28」。然後在「段落」功能區中，將標題文字「靠右對齊」。

6 接著要插入公司專屬 LOGO。切換到「插入」功能索引標籤，在「圖例」功能區中，按下「圖片」圖示鈕。

7 開啟「插入圖片」對話方塊，選擇「範例圖檔」資料夾，選擇「LOGO」圖檔，按「插入」鈕。

8 圖片被插入到文件中，也會出現「圖片工具」功能索引標籤。按下圖片旁的 🔲「版面配置選項」智慧標籤，選擇 🔲「文字在前」的文繞圖樣式。

9 切換到「圖片工具＼格式」功能索引標籤，在「大小」功能區中，重新設定圖片大小為高「2.4 公分」及寬「5.35」公分，再使用拖曳的方式，將圖片移到左上角的位置。

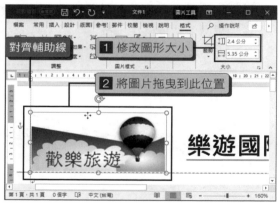

TIPS

移動圖片或繪圖物件時，可以藉由「對齊輔助線」（綠線）協助我們知道圖片的相對位置。如果沒有顯示時，可以從「圖片工具＼格式」功能索引標籤，在「排列」功能區中，按下「對齊」清單鈕，勾選「使用對齊輔助線」項目即可。

10 公司名稱由於對齊右邊界的影響，因此太偏向右邊，可以使用縮排方式略為調整。將編輯插入點移到文字的部分，按下滑鼠右鍵開啟快顯功能表，執行「段落」指令。

11 開啟「段落」對話方塊，切換到「縮排與行距」索引標籤，設定靠右縮排「1 字元」，按「確定」鈕。

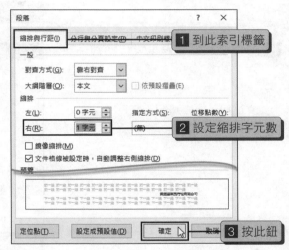

12 切換到「頁首及頁尾工具\設計」功能索引標籤，在「頁首及頁尾」功能區中，按下「頁尾」清單鈕，選擇「回顧」頁尾樣式。

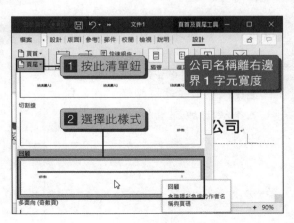

13 套用預設的頁尾樣式。由於頁尾有一條藍色的線條，為了美觀起見，也可以在頁首部分設計對襯的線條。繼續在「頁首及頁尾\設計」功能索引標籤，切換到「導覽」功能區中，按下「移至頁首」圖示鈕。

14 游標移到頁首區域。切換到「插入」功能索引標籤，在「圖例」功能區中，按下「圖案」下拉式清單鈕，選擇繪製「矩形」圖案。

15 此時游標會變成 ✛ 符號，先將游標移到公司名稱前方下面，按下滑鼠左鍵，使用拖曳的方式，拖曳出一條長矩形線條，到公司名稱後方放開滑鼠，完成圖案繪製。

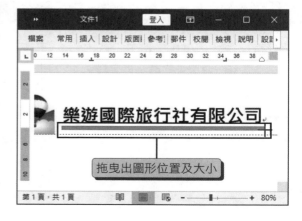

16 此時會出現「繪圖工具\格式」
　功能索引標籤，在「大小」功能
　區中，修改圖形高度「0.1」公分
　寬、寬度「11.5」公分。

修改圖案大小

17 繼續在「繪圖工具\格式」功能
　索引標籤的「圖案樣式」功能區
　中，按下「圖案外框」清單鈕，
　選擇執行「無外框」指令，取消
　長矩形的外框線。

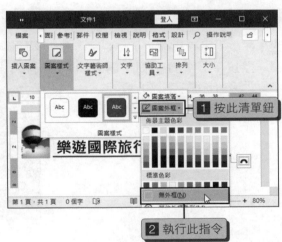

1 按此清單鈕

2 執行此指令

18 頁首及頁尾設計完成後，切換到
　「頁首及頁尾工具\設計」功能
　索引標籤，在「關閉」功能區
　中，按下「關閉頁首及頁尾」圖
　示鈕，即可回到文件編輯區。

執行此指令

19 按下快速存取工具列的 🔲「儲存檔案」圖示鈕。或是切換到「檔案」工作頁面，執行「另存新檔」指令。

按「儲存檔案」圖示鈕

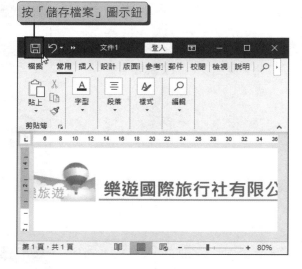

20 開啟「另存新檔」工作視窗，選擇按下「瀏覽」鈕，開啟傳統「另存新檔」對話方塊。

選擇儲存到此資料夾

21 開啟「另存新檔」對話方塊，按下「存檔類型」右邊的下拉式清單鈕，選擇「Word 範本」存檔類型。

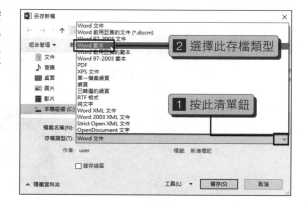

2 選擇此存檔類型

1 按此清單鈕

22 檔案會自動選擇儲存到「文件」中的「自訂 Office 範本」子資料夾，接著輸入公司名稱「公司專用」後，按「儲存」鈕，完成公司專用範本的設計工作。

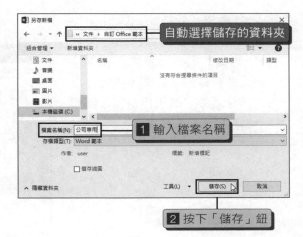

23 下次要使用公司專用範本，只要進入到「文件\自訂 Office 範本」資料夾，快按「公司專用」檔案名稱兩下。

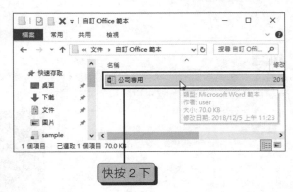

TIPS

也可以從「檔案\新增」頁面的「個人」範本中，按一下滑鼠開啟新文件。

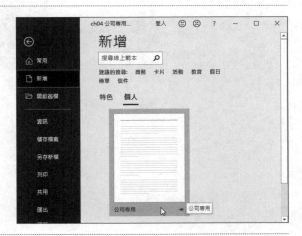

24 Word 會以「新增空白文件」形式開啟新檔，並自動給「文件1」的檔案名稱。當輸入完畢按下「儲存檔案」鈕時，也會出現「另存新檔」的工作視窗，就和一般新增空白文件相同。

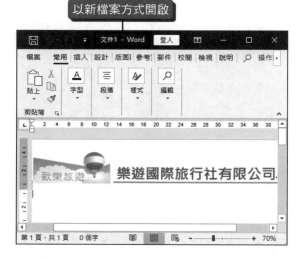

以新檔案方式開啟

TIPS

若要編修範本檔原始內容，只要在資料夾中選取範本名稱，按下滑鼠右鍵開啟快顯功能表，執行「開啟」指令，就可以開啟範本檔案進行編修。(使用「檔案\開啟舊檔」也可以喔！)

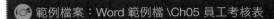

範例檔案：Word 範例檔 \Ch05 員工考核表

單元 05　員工考核表

考核員工必需要有固定的評鑑標準，不妨將考核的項目製作成表單，方便讓主管或考核委員可以使用勾選的方式進行考核，然後再加總成績評鑑等第。

範例步驟

1 請先開啟「Word 範例檔」資料夾中的「Ch05 員 工 考 核 表 (1).docx」，本單元主要介紹表格中文字的編排方式及其他表格功能。先選取「項目」文字，選取時不要選到段落符號，切換到「常用」功能索引標籤，在「段落」功能區中，按下 ﹂「分散對齊」圖示鈕。

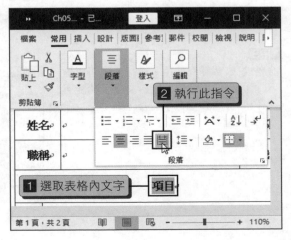

2 開啟「最適文字大小」對話方塊，在新文字寬度位置調整寬度到「15 字元」，按「確定」鈕回到編輯視窗。

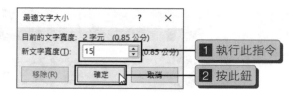

3 原本 2 字元寬度的文字變寬成 15 字元寬。選取「初核分數」文字，繼續在「段落」功能區中，按下 ✂ - 「亞洲配置方式」清單鈕，執行「組排文字」指令。

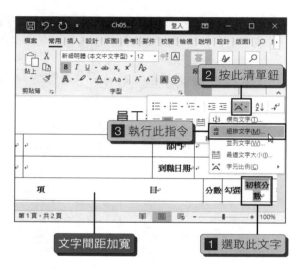

4 開啟「組排文字」對話方塊，將大小由「6」點改成「12」點，維持原有字型大小，設定完成按「確定」鈕。

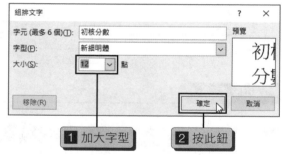

TIPS

雖然說這個範例使用「換行」也可以達到相同的效果，但「組排文字」功能可以與同行的其他文字並存，這是換行所無法做到的。

5 繼續選取「品德言行」文字，切換到「表格工具 \ 版面配置」功能索引標籤，在「對齊方式」功能區中，執行「直書 / 橫書」指令，將文字由橫書轉換成直書。

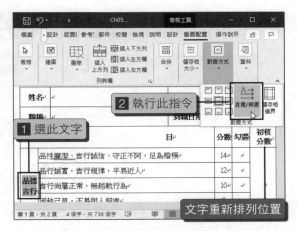

6 考核項目標題改為直書。由於考核項目分成不同類別，使用細框線無法立刻分辨，建議使用較粗的框線，分組加上粗的外框線。切換到「表格工具 \ 設計」功能索引標籤，在「框線」功能區中，按下「框線樣式」清單鈕，選擇「實心單線 1 1/2pt」樣式。

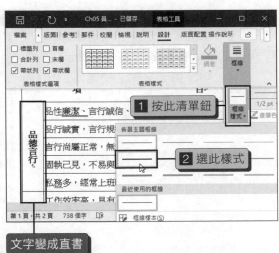

7 當游標符號變成 ✔「複製框線」符號時，在要加粗的框線上，使用點選的方式繪製表格框線，也可以使用拖曳的方式繪製同欄或同列的表格框線。

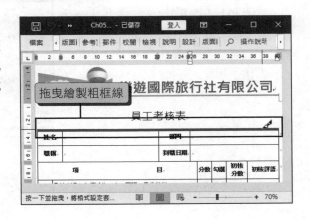

8　當游標還是 ✐ 符號時，可以持續
　　繪製框線，全部繪製完畢後，將
　　游標移到表格外的編輯區，按一
　　下滑鼠左鍵即可結束。

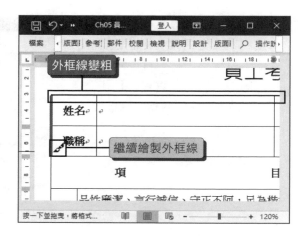

9　請先開啟「Word 範例檔」資料夾
　　中 的「Ch05 員 工 考 核 表 (2).
　　docx」。選取前 4 列表格標題及
　　名稱，切換到「常用」功能索引
　　標籤，在「剪貼簿」功能區中，
　　按下 ⯗ 「複製」圖示鈕。

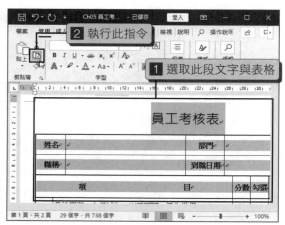

10　將游標插入點移到第 2 頁第一
　　列表格位置，切換到「表格工具
　　\ 版面配置」功能索引標籤，在
　　「合併」功能區中，執行「分割
　　表格」指令。

11 此時表格被一分為二，兩個表格中間出現編輯插入點。切換回「常用」功能索引標籤，在「剪貼簿」功能區中，執行「貼上」指令。

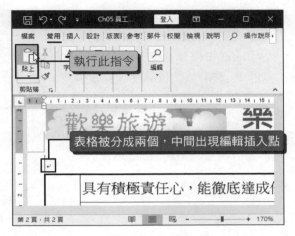

執行此指令

表格被分成兩個，中間出現編輯插入點

具有積極責任心，能徹底達成任

12 剛被複製的表格列被貼到第 2 頁的位置。在編輯插入點位置，按下鍵盤【Del】鍵，將表頭標題和名稱與第 2 頁表格合而為一。

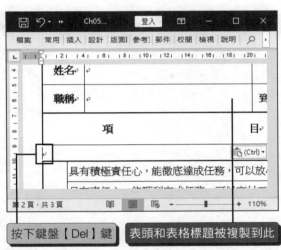

按下鍵盤【Del】鍵

表頭和表格標題被複製到此

13 由於第 1 頁標題「初核評語」在第 2 頁是不存在的欄位，而是要以「總分」取代。反白選取「總分」文字，直接拖曳文字到「初核評語」前方，再將「初核評語」文字刪除。

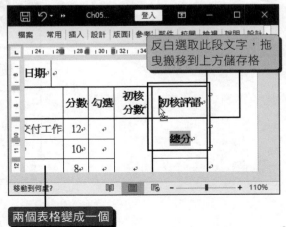

反白選取此段文字，拖曳搬移到上方儲存格

兩個表格變成一個

14 選取「總分」下方 2 個儲存格，切換到「表格工具\版面配置」功能索引標籤，在「合併」功能區中，執行「合併儲存格」指令。

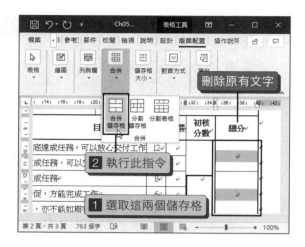

15 切換到「表格工具\設計」功能索引標籤，在「框線」功能區中，再次按下「框線樣式」清單鈕，選擇「實心單線 1/2pt」樣式。

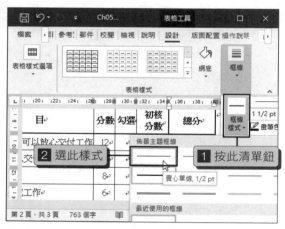

16 點選「總分」與剛合併的儲存格中間的框線，將「1 1/2」粗框線改成「1/2」細框線。

17 表格繪製完成後，按下「檔案」索引標籤，準備進行列印工作。

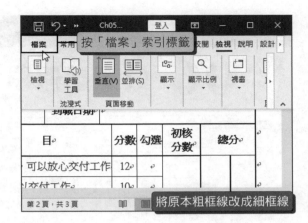

按「檔案」索引標籤

將原本粗框線改成細框線

18 切換到「列印」索引標籤，按下「單面列印」旁的清單鈕，重新選擇「手動雙面列印」選項。

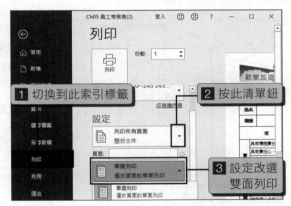

1 切換到此索引標籤

2 按此清單鈕

3 設定改選雙面列印

19 由於第 3 頁為空白頁，因此只要列印第 1 及第 2 頁，在「頁面」處輸入「1-2」（或是「1,2」），最後依據要考核的人數，選擇列印的「份數」，按下「列印」鈕即可進行手動雙面列印。

TIPS

遇到連續頁面夾雜著不連續頁面列印時，要如何設定頁面數字？假設列印第 1 到 3 頁和第 7 到 8 頁，你可以這樣輸入「1,2,3,7,8」，也可以輸入「1-3,7-8」，就可以一次列印出多頁。當然要分成 5 次列印也行。

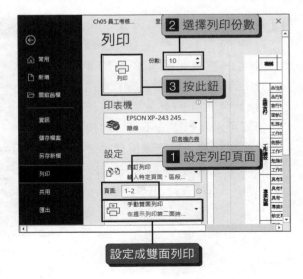

2 選擇列印份數

3 按此鈕

1 設定列印頁面

設定成雙面列印

單元 06 員工請假單

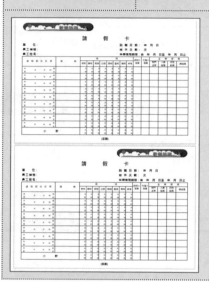

有些公司使用一次性的請假單，每次請假都有一張，一整年下來要保存也不是那麼容易。使用個人性的員工請假卡除了響應環保之外，每次的請假記錄都記載的一清二楚，整年的資料也可以提供主管作為年終考核的參考。

範例步驟

1 請先開啟「Word 範例檔」資料夾中的「Ch06 員工請假單 (1).docx」，本單元將綜合前幾單元介紹的功能，進一步的變化應用。由於 A4 直向的寬度太窄，表格預留可書寫的空間不足，切換到「版面配置」功能索引標籤，在「版面設定」功能區中，按下「方向」清單鈕，選擇「橫向」。

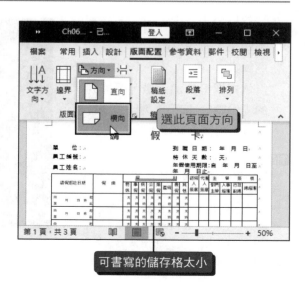

選此頁面方向

可書寫的儲存格太小

2 紙張方向由直向變成橫向，頁數也由原本 3 頁變成 4 頁，為了方便調整表格長度，因此改變視窗檢視比例。
切換到「檢視」功能索引標籤，在「顯示比例」功能區中，選擇「多頁」模式。

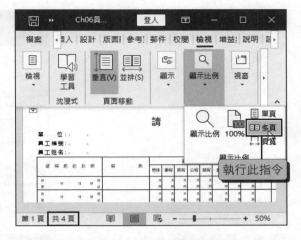

3 編輯視窗中顯示 2 頁寬的頁面。選取第 3、4 頁多餘的表格範圍，留下最後一列小計列不要選取，切換到「表格工具\版面設置」功能索引標籤，在「列與欄」功能區中，按下「刪除」清單鈕，執行「刪除列」指令。

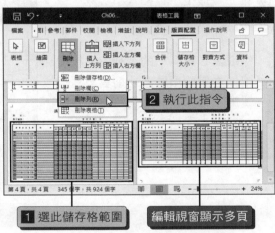

4 第 3 頁只留下小計列。選取小計列，按滑鼠右鍵開啟快顯功能表，執行「複製」指令。

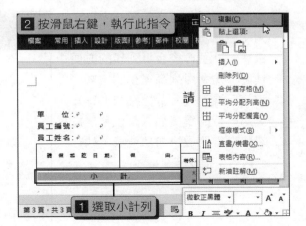

5 選取第 1 頁最後一行，按滑鼠右鍵開啟快顯功能表，在「貼上選項」中，按下 「以新列插入」圖示鈕。

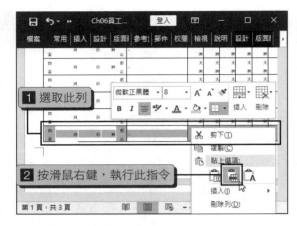

6 第 1 頁最後一行插入小計列，依相同方式在第 2 頁最後一行插入小計列。
選取第 3 頁剩下的 3 列表格，按滑鼠右鍵開啟快顯功能表，執行「刪除列」指令。

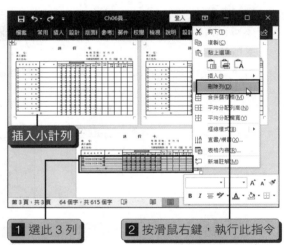

7 此時第三頁仍留有編輯插入點，列印時若沒特別設定，會印出空白頁，為了日後合併列印的方便性，不妨利用列高縮小的方式，讓第三頁消失。游標點一下第三頁第一行的編輯插入點位置，按滑鼠右鍵開啟快顯功能表，執行「段落」指令。

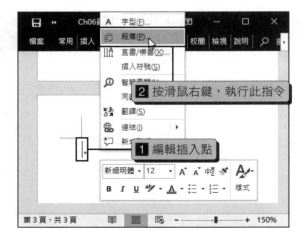

8 開啟「段落」對話方塊，切換到「縮排與行距」索引標籤，「行距」選擇「固定行高」，「行高」選擇「1 點」，設定完成按「確定」鈕。

9 此時編輯插入點在表格下方與邊界的空白處，由於行高只有「1點」，幾乎被隱藏起來。
切換到「檢視」功能索引標籤，在「顯示比例」功能區中，執行「頁寬」指令，就可以恢復原本的檢視比例。

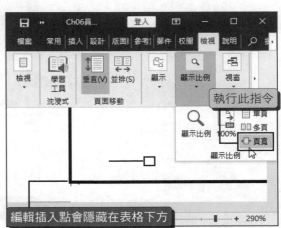

10 選取表頭文字「請假卡」，切換到「常用」功能索引標籤，在「字型」功能區中，按下 U ▾「底線」清單鈕，選擇「雙底線」樣式。

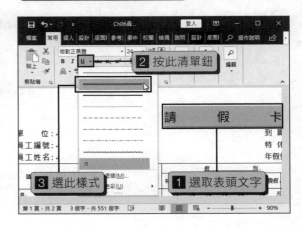

11 表頭文字已經加上雙底線。切換
到「插入」功能索引標籤,在
「頁首及頁尾」功能區中,按下
「頁首」清單鈕,選擇「空白」
樣式。

12 切換到「頁首及頁尾工具\設
計」功能索引標籤,在「選項」
功能區中,勾選「奇偶頁不同」
選項,此時「頁首」變更顯示為
「奇數頁頁首」。

13 開始編輯奇數頁頁首,點選「在
此鍵入」,在「頁首及頁尾工具\
設計」功能索引標籤的「插入」
功能區中,執行「圖片」指令。

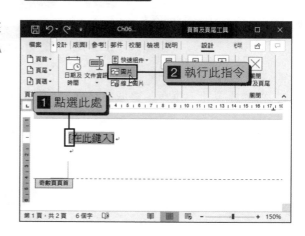

14 開啟「插入圖片」對話方塊，選擇「範例圖檔」資料夾，點選「長 LOGO」圖片檔，按下「插入」鈕。

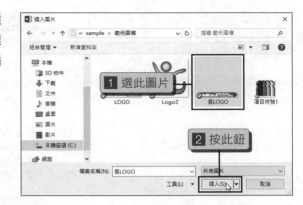

15 切換回「頁首及頁尾／設計」功能索引標籤，在「導覽」功能區中，執行「下一節」指令。

16 接著編輯偶數頁頁首，依照步驟 13、14 插入公司 LOGO 圖到「偶數頁頁首」範圍。
切換到「常用」功能索引標籤，在「段落」功能區中，執行「靠右對齊」指令。

17 讓圖片靠右對齊表現奇偶頁不同。再切換回「頁首及頁尾工具\設計」功能索引標籤，在「導覽」功能區中，執行「移至頁尾」指令。

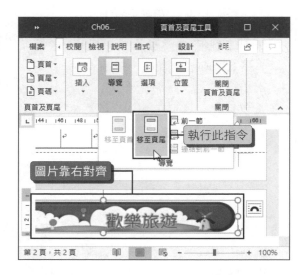

18 開始編輯偶數頁頁尾。在頁尾範圍輸入文字「(反面)」，切換到「常用」功能索引標籤，在「字型」功能區中設定字型為「微軟正黑體」、大小「12」、「粗體」，並在「段落」功能區中，按下 三「置中對齊」圖示鈕。

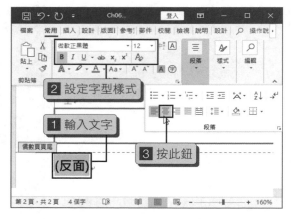

19 偶數頁頁尾編輯完畢，再切換回「頁首及頁尾工具\設計」功能索引標籤，在「導覽」功能區中，執行「前一節」指令，移到奇數頁頁尾。

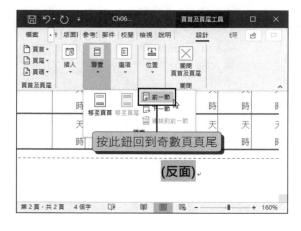

20 編輯奇數頁頁尾。在頁尾範圍輸
入文字「(正面)」，並設定字型
為「微軟正黑體」、大小「12」、
「粗體」，並選擇「置中對齊」。
頁首及頁尾設定完畢，將游標移
到非「頁首及頁尾」範圍，也
就是文件編輯區快按滑鼠左鍵 2
下，即可結束編輯「頁首及頁
尾」。

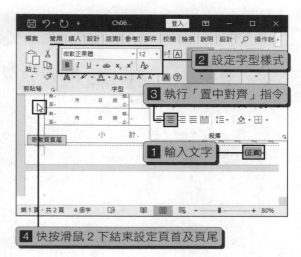

PART 1　Word 文書應用

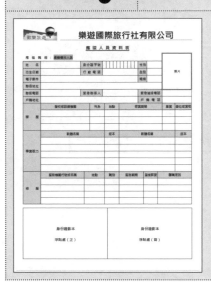

◎ 範例檔案：Word 範例檔 \Ch07 應徵人員資料表

單元 07　應徵人員資料表

坊間有許多簡易的履歷表販售，但是內容過於簡單。而應徵人員自備的履歷表，內容雖然很豐富，但是可能沒敘述到面試主管想要的資訊，因此公司不妨設計符合需求的應徵人員資料表。

範例步驟

1 請先開啟「Word 範例檔」資料夾中的「Ch07 應徵人員資料表 (1).docx」。想要刪除表格框線，除了可以利用「框線」來設定樣式外，也可以開啟「框線與網底」對話方塊進行設定，比較簡單的方法，就是拿橡皮擦直接擦。將編輯插入點移到表格任何位置，切換到「表格工具 \ 版面配置」功能索引標籤，在「繪圖」功能區中，執行「清除」指令。

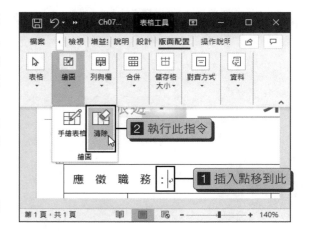

062

2 此時游標符號會變成 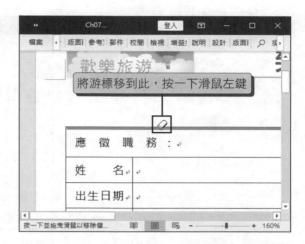符號。將游標移到想要移除的框線位置，按一下滑鼠左鍵即可擦掉。

3 依相同方法將應徵職務的左框線清除掉，此時框線會暫時以虛線顯示。清除完畢後，再次執行「清除」指令，則可會到文件編輯模式，此時虛線則會消失。

TIPS

但是使用 ⬭ 清除指令，也有刪除儲存格或合併儲存格的作用，當刪除兩個儲存格中間的框線，也意味著兩個儲存格將被合併，也就是有一個儲存格被刪除了，使用起來要格外小心。

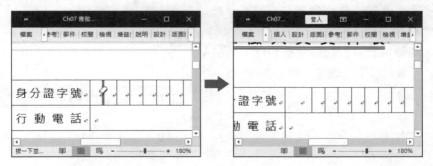

4 選取第一欄標題儲存格，切換到
　「表格工具 \ 設計」功能索引標
　籤，在「表格樣式」功能區中，
　按下「網底」清單鈕，選擇「白
　色，背景 1, 較深 15%」網底色彩。

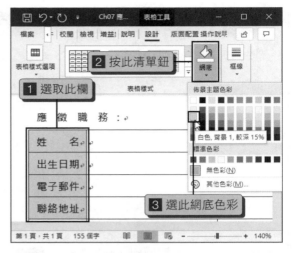

5 依相同方法陸續將其他標題欄位
　加上網底色彩。選擇「照片」儲
　存格，切換到「常用」功能索引
　標籤，在「段落」功能區中，按
　下 田▾「框線」清單鈕，執行
　「框線及網底」功能。

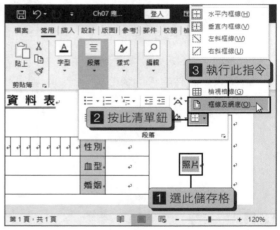

6 開啟「框線與網底」對話方塊，
　切換到「框線」索引標籤，選擇
　「雙框線」樣式，按下「方框」
　鈕，預覽位置可看出圖片欄位的
　變化，最後按下「確定」鈕。

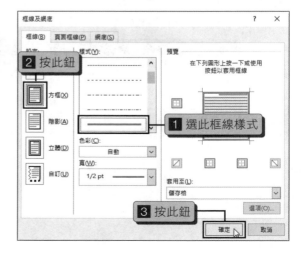

7 圖片欄位加上雙框線外框作為
區隔。Word 還有一些不常用的隱
藏功能，接著來介紹一下，按下
「檔案」索引標籤，準備在表格
中加入下拉式表單功能。

8 在「檔案」功能視窗中，按下
「選項」項目，開啟「Word 選
項」對話方塊。

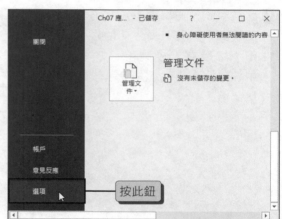

9 開啟「Word 選項」對話方塊，切
換到「自訂功能區」索引標籤，
在主要索引標籤區域中，勾選
「開發人員」功能索引標籤選項
後，按下「確定」鈕。

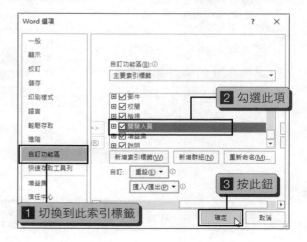

10 出現「開發人員」功能表索引標籤。將編輯插入點移到「應徵職務」後方，切換到「開發人員」功能索引標籤，在「控制項」功能區中，按下 ▤▾「舊表單」清單鈕，選擇插入 ▤「下拉式方塊」表單控制項。

11 應徵職務後方出現下拉式方塊，切換到「開發人員」功能索引標籤，繼續在「控制項」功能區中，執行「屬性」指令，設定清單選項。

12 開啟「下拉式表單欄位選項」對話方塊，在「下拉式項目」空白處輸入第一項「總機櫃台人員」職缺名稱，輸入完畢按「新增」鈕。

13 下拉式清單內含項目處會顯示新增的職務名稱，依步驟 12 的方式，陸續新增其他職缺名稱，所有職務新增完畢後按「確定」鈕。

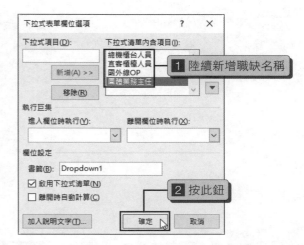

14 出現清單欄位，但是文件在沒有保護之前，無法顯示下拉式清單選項。繼續在「開發人員」功能索引標籤，切換到「保護」功能區中，執行「限制編輯」指令。

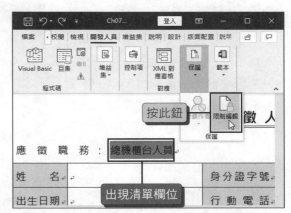

15 開啟「限制編輯」工作窗格，勾選第 2 項「文件中僅允許此類型的編輯方式」，並按下清單鈕選擇「填寫表單」，設定完畢按下「是，開始強制保護」鈕。

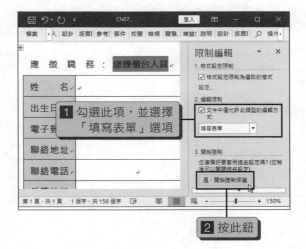

16 開啟「開始強制保護」對話方塊，可以不輸入密碼，直接按下「確定」鈕。

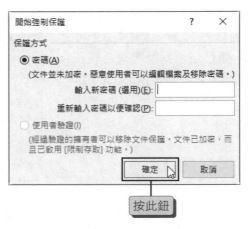

17 當文件受到限制編輯後，「應徵職務」欄位則會出現下拉式清單選項，可選擇應徵者要應徵的職務，列印出表格讓應徵者填寫。若是要關閉「限制編輯」工作窗格，只要按下工作窗格右上角的「關閉」鈕，或是再執行一次「限制編輯」指令即可。

如果想要修改應徵職務或表格內容，只要按下「限制編輯」工作窗格中的「停止保護」鈕，若有設定密碼者，在「輸入密碼」對話方塊輸入密碼即可。

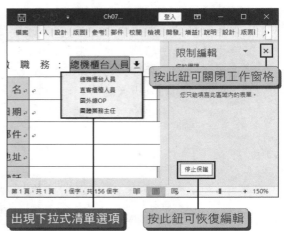

範例檔案：Word 範例檔 \Ch08 員工訓練規劃表

單元 08 員工訓練規劃表

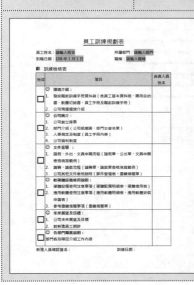

公司來了新進員工，總是有一連串的職前訓練工作，認識公司環境、公司制度介紹、各項規定提醒，免不了還有主管對新進人員的期許，這些工作該由誰負責，不妨製作成職前訓練規劃表，用來檢核職前訓練完成的進度。

範例步驟

1 請先開啟「Word 範例檔」資料夾中的「Ch08 員工訓練規劃表 (1).docx」，本單元將介紹項目符號的應用及基本的表單功能。將編輯插入點移到「環境介紹」前方，切換到「常用」功能索引標籤，在「段落」功能區中，按下 ≣▼「項目符號」清單鈕，執行「定義新的項目符號」指令。

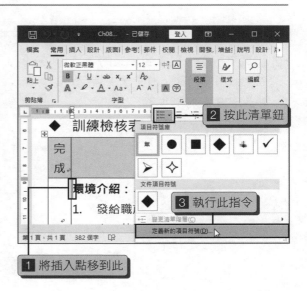

2 開啟「定義新的項目符號」對話方塊，按下「符號」鈕，選擇新的符號。

按此鈕

3 開啟「符號」對話方塊，選擇笑臉符號，按下「確定」鈕，回到「定義新的項目符號」對話方塊。

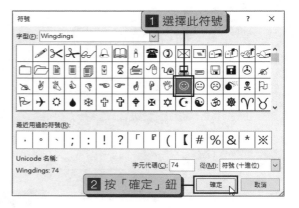

1 選擇此符號

2 按「確定」鈕

4 預覽窗格中出現笑臉樣式的項目符號。由於預設的符號比字型小，若要讓符號明顯一些，可以按下「字型」鈕來調整。

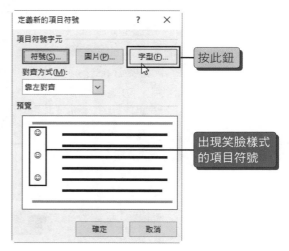

按此鈕

出現笑臉樣式的項目符號

5 開啟「字型」對話方塊，在「大小」處選擇「16」，按「確定」鈕回到「定義新的項目符號」對話方塊。

6 最後按下「確定」鈕，完成定義新的項目符號。

7 「環境介紹」前方出現笑臉的項目符號，下方的標題只要按下「項目符號」圖示鈕則會自動套用新增的項目符號。除了預設符號之外，圖片也可以成為項目符號，將編輯插入點移到「訓練檢核表」前方位置，再次按下「項目符號」清單鈕，執行「定義新的項目符號」指令。

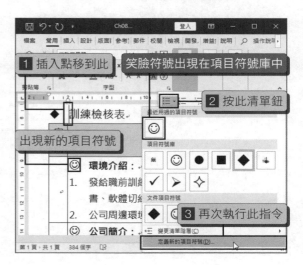

8 再次開啟「定義新的項目符號」
對話方塊,按下「圖片」鈕,選
擇圖片成為新的項目符號。

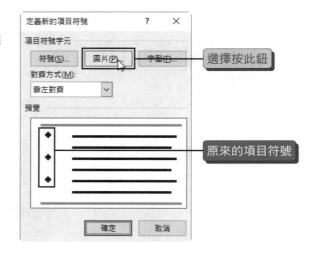

9 開啟「插入圖片」工作視窗,選
擇「從檔案」作為圖片的來源。

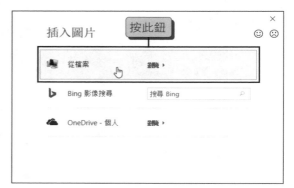

10 開啟「插入圖片」對話方塊,選
擇「範例圖檔」資料夾,選擇
「項目符號1」圖片,按下「插
入」鈕。

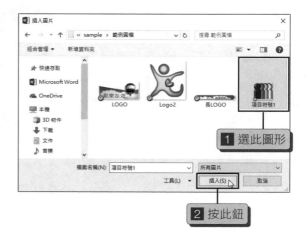

11 回到「定義新的項目符號」對話方塊，預覽窗格中顯示新的圖片項目符號。按下「確定」鈕完成圖片項目符號設定。

出現圖片樣式的項目符號

按此鈕

12 新圖片符號取代原有的項目符號，接下來要將各項目加上是否完成的勾選方塊。將編輯插入點移到「完成」下方的空白儲存格中，切換到「插入」功能索引標籤，在「符號」功能區中，按下「符號」清單鈕，執行「其他符號」指令。

套用新的項目符號

2 按此鈕

1 插入點移到此

3 執行此指令

13 開啟「符號」對話方塊，選擇「方塊」符號，按下「插入」鈕，此時「符號」對話方塊不會自動關閉，但是原本「取消」鈕會變成「關閉」鈕，按下「關閉」鈕則可關閉對話方塊。

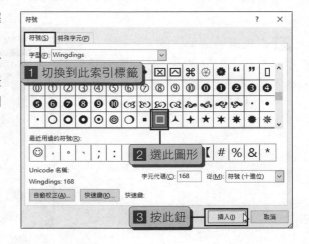

1 切換到此索引標籤

2 選此圖形

3 按此鈕

14 選取剛插入的方塊，切換到「常用」功能索引標籤，在「字型」功能區中，按下「字型大小」旁的清單鈕，將方塊符號大小改成「28」。

15 接著要利用表單功能設計輸入文字的欄位，請開啟「Word 範例檔」資料夾中的「Ch08 員工訓練規劃表 (2).docx」。將編輯插入點移到「員工姓名：」後方，切換到「開發人員」功能索引標籤，在「控制項」功能區中，按下 「舊版工具」清單鈕，執行 「文字欄位」指令。

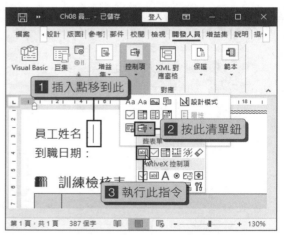

16 出現未設定屬性的文字欄位，立刻在「開發人員」功能索引標籤中，「控制項」功能區內，按下「屬性」鈕，開始設定欄位屬性。

17 開啟「文字表單欄位選項」對話
方塊。選擇預設的「一般文字」
類型，在「預設文字」空白處輸
入文字「請輸入姓名」，可輸入姓
名的「最大長度」選擇「10」，
設定完畢按下「確定」鈕。

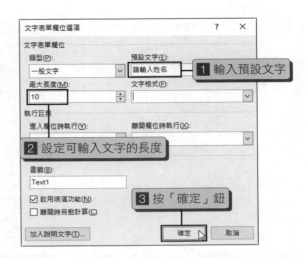

18「員工姓名」的文字欄位設定完
成，依照相同步驟完成「所屬部
門」及「職稱」的文字欄位設
定。在「到職日期」插入「文字
欄位」表單控制項，按下「控制
項屬性」圖示鈕，另外設定日期
屬性。

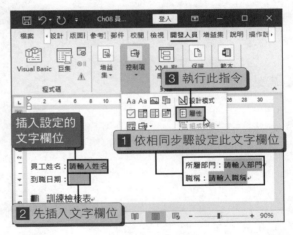

19 再次開啟「文字表單欄位選項」
對話方塊，按下「一般文字」類
型旁的清單鈕，選擇「日期」類
型。

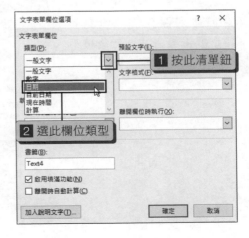

20 先按下「日期格式」類型旁的清單鈕，選擇「e 年 M 月 d 日」的格式，再輸入預設日期「108 年 1 月 1 日」，確認所有屬性設定完畢，按下「確定」鈕。

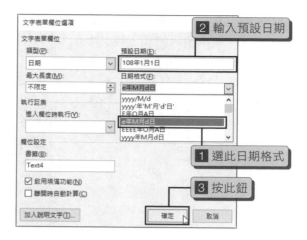

21 設計好的表單還不能馬上使用，還要限制編輯來保護表單，切換到「開發人員」功能索引標籤，在「保護」功能區中，執行「限制編輯」指令。

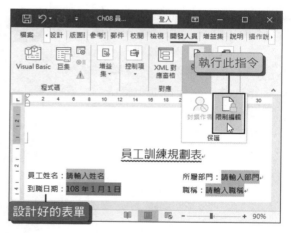

22 在「限制編輯」工作窗格中，勾選第 2 項並選擇允許「填寫表單」類型的編輯方式，然後按下「是，開始強制保護」鈕。

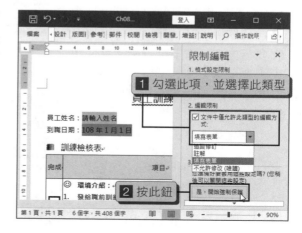

23 開啟「開始強制保護」對話方塊，輸入密碼「0000」，按下「確定」鈕，就可以開始使用文件中的表單。

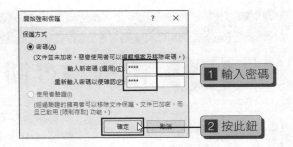

24 除了表單內的文字欄位可以點選編輯外，其他文件內容都無法插入編輯點。如果要再次進行表單設計工作或是文件中其他文字及表格的增修，都要先解除保護之後才能進行，只要按下「限制編輯」工作窗格中的「停止保護」鈕。

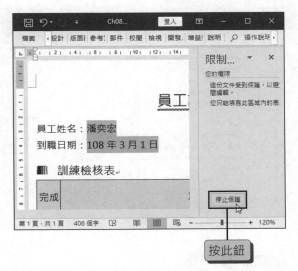

25 此時會開啟「解除文件保護」對話方塊，輸入剛設定的密碼「0000」，按下「確定」鈕，就可以重新編輯文件。

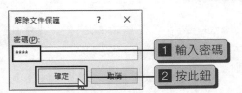

單元 09 市場調查問卷

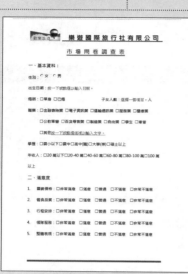

不論是商業行為或是研究報告，為了讓提出來的理論有實際的數據支持，往往都採用問卷調查的方式來收集資料，因此 Word 也針對這個部分提供專業的支援。

範例步驟

1 本單元主要介紹表單功能的使用，請先開啟「Word 範例檔」資料夾中的「Ch09 市場調查問卷 (1).docx」，但是在開始使用表單功能之前，要先新增「開發人員」功能區。將游標移到任何一個功能索引標籤，按滑鼠右鍵開啟快顯功能表，執行「自訂功能區」指令。

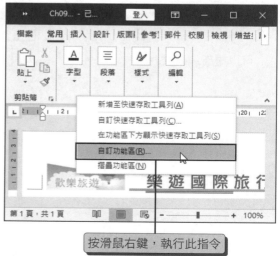

按滑鼠右鍵，執行此指令

2 開啟「Word 選項」對話方塊，在「自訂功能區」的「主要索引標籤」項下，勾選「開發人員」選項，按「確定」鈕。

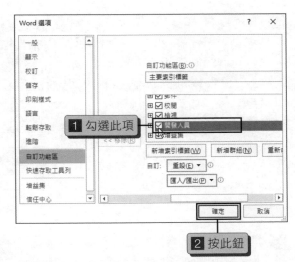

3 將編輯插入點移到「性別」後方，切換到「開發人員」功能索引標籤，在「控制項」功能區中，按 圉▾「舊版工具」清單鈕，選擇執行 ◉「選項按鈕」指令。

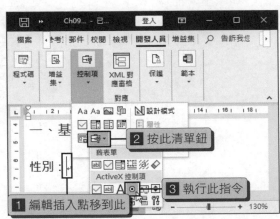

4 文件中插入選項按鈕，按滑鼠右鍵開啟快顯功能表，執行「內容」指令。

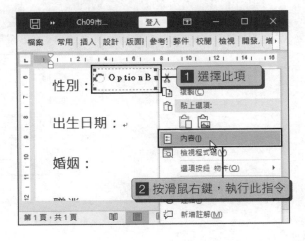

5 開啟「屬性」對話方塊，在 Caption 中輸入「女」；在 GroupName 中輸入「性別」；然後在預設 Font 旁按下 **…** 鈕設定字型。

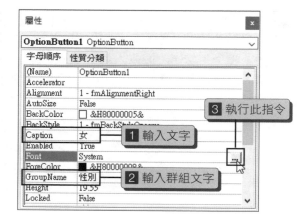

6 開啟「字型」對話方塊，選擇「微軟正黑體」、「標準」、「12」，按下「確定」鈕。

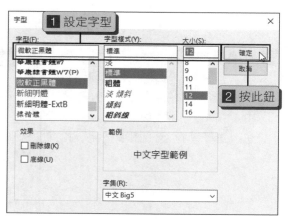

7 回到「屬性」對話方塊，繼續在 Height 中輸入「20.8」，在 Width 中輸入「39.95」設定圖文框大小；然後按下 **×** 鈕關閉設定對話方塊。

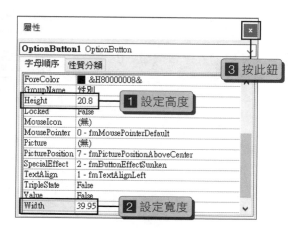

8 用相同方法再插入性別「男」的按鈕選項。將編輯插入點移到「出生日期」後方，同樣在「開發人員」功能索引標籤的「控制項」功能區中，按下 🗓 「日期選擇器內容控制項」圖示鈕。

9 文件中插入日期控制方塊，繼續執行「屬性」指令。

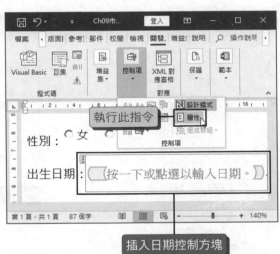

10 開啟「內容控制項屬性」對話方塊，在「月曆類型」中選擇「中華民國曆」，顯示日期格式中選擇「e年M月d日」格式，按下「確定」鈕。

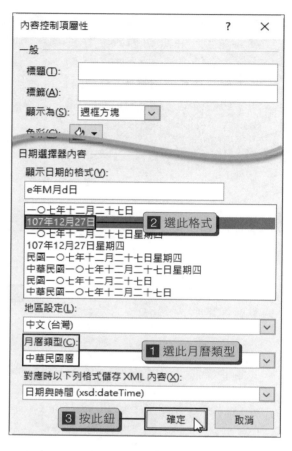

11 回到編輯文件，看不出來日期控制方塊有什麼變化？別急！按下「設計模式」鈕，取消目前的設計模式。

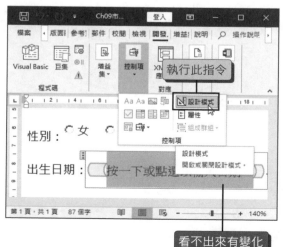

12 此時日期方塊旁邊會出現下拉式清單鈕，按下此清單鈕，則會顯示日期選擇器。

13 繼續設計其他表單項目前，必須再次按下「設計模式」圖示鈕，恢復表單的設計模式。將編輯插入點移到「婚姻」後方，在「控制項」功能區中，按下☑「核取方塊內容控制項」圖示鈕。

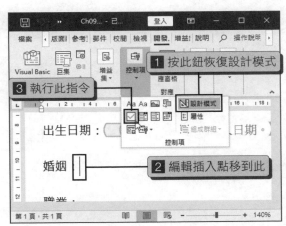

14 出現核取方塊，將編輯插入點移到核取方塊後方，輸入文字「單身」。

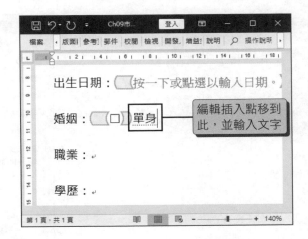

15 依相同方法再插入一個「已婚」的核取方塊。將編輯插入點移到「子女人數」後方,執行 📄「下拉式清單內容控制項」指令。

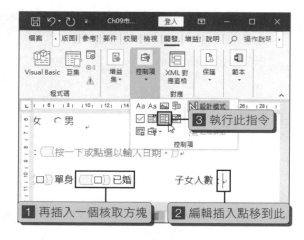

① 再插入一個核取方塊 | ② 編輯插入點移到此 | ③ 執行此指令

16 出現清單方塊,先在方塊後方輸入文字「人」,再選取清單方塊,執行「屬性」指令。

② 選此清單方塊 | ③ 執行此指令 | ① 輸入文字

17 開啟「內容控制項屬性」對話方塊,在「下拉式清單內容」區域中,按下「新增」鈕。

按此鈕

18 另外開啟「新增選項」對話方塊，在顯示名稱中輸入數字「1」，數值處也會自動顯示「1」，按「確定」鈕。

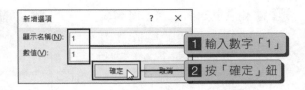

19 回到開啟「內容控制項屬性」對話方塊，重複「新增」步驟陸續加入其他清單內容，新增完畢後，按下「確定」鈕。

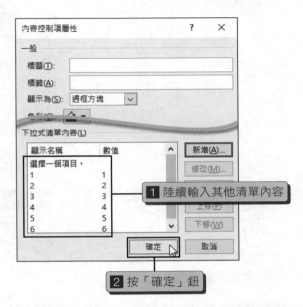

20 取消「設計模式」後，清單方塊會出現下拉式清單鈕，按下清單鈕則會出現剛輸入的清單內容。陸續在其他項目設計對應的核取方塊，結果請開啟「Word 範例檔」資料夾中的「Ch09 市場調查問卷 (2).docx」。

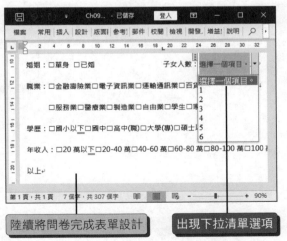

21 繼續最後一個步驟,將編輯插入點移到「職業」項目下的「其他」核取方塊後方,執行 Aa「純文字內容控制項」指令,插入可輸入文字的文字方塊。

2 執行此指令

1 編輯插入點移到此

22 插入可輸入文字的控制項方塊,反白選此文字方塊的預設文字,切換到「常用」功能索引標籤,按下「底線」鈕,將文字加上底線看起來更專業。

2 執行此指令

1 選取文字方塊預設文字

範例檔案：Word 範例檔 \Ch10 分機座位表

單元 **10** 分機座位表

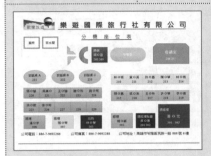

一般公司行號中會看見總機會有一張公司的分機表，大多都是以列表的方式展示。如果能將分機表配合公司座位分佈平面圖，那麼可以成為增加同事之間互相認識的重要媒介。

範例步驟

1 請先開啟「Word 範例檔」資料夾中的「Ch10 分機座位表 (1).docx」，首先利用圖案繪製出公司大門的位置。切換到「插入」功能索引標籤，在「圖例」功能區中，按下「圖案」清單鈕，選擇「半框架」圖案。

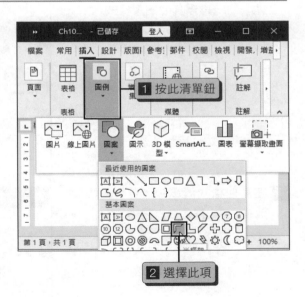

2 當游標變成 **+** 符號，按住滑鼠左鍵，使用拖曳方式繪製圖案。放開滑鼠完成圖案繪製，切換到「繪圖工具\格式」功能索引標籤，在「大小」功能區中，輸入圖案大小高度「1.2 公分」、寬度「1.2 公分」。

3 接著在「圖案樣式」功能區中，按下圖案樣式捲動軸上的 ▽「其他」鈕，選擇其他圖案樣式。

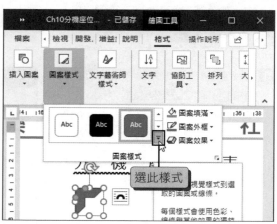

4 在其他樣式清單中，選擇「輕微效果, 灰, 輔色 3」樣式。

5 圖案套用灰色新樣式，繼續選取此圖案，將游標移到圖案上方，當游標變成 ✢ 符號，按下鍵盤【Ctrl】鍵，此時符號會變成 ✥，按住滑鼠左鍵，使用拖曳的方式複製圖案到下方空白處。

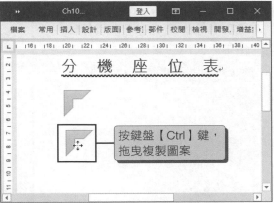

按鍵盤【Ctrl】鍵，拖曳複製圖案

6 改選取被複製的圖案，切換到「繪圖工具\格式」功能索引標籤，在「排列」功能區中，按下「旋轉」清單鈕，執行「垂直翻轉」指令。

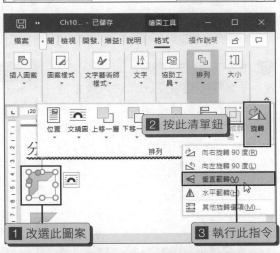

2 按此清單鈕

1 改選此圖案

3 執行此指令

7 選取的圖案上下顛倒。接著要繪製總機櫃台位置，再次切換到「插入」功能索引標籤，在「圖例」功能區中，按下「圖案」清單鈕，選擇 ⌒「拱形」圖案。

圖案上下顛倒

1 按此清單鈕

2 執行此指令

8 拖曳繪製出圖案後，切換到「繪圖工具 \ 格式」功能索引標籤，按下「大小」清單鈕，輸入圖案大小高度「2.4 公分」、寬度「2.4 公分」。

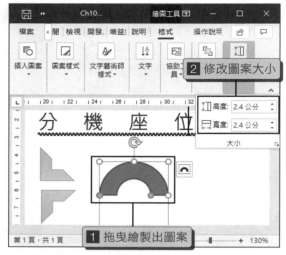

9 將滑鼠移到拱型圖案上方 ↻「自由旋轉」鈕位置，此時游標會變成符號，按住滑鼠左鍵，當游標則會變成符號，則向左旋轉 90 度後，放開滑鼠完成旋轉圖案。

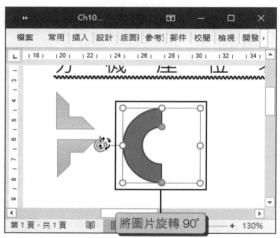

10 繼續選取拱型圖案，在「圖案樣式」功能區中，按下「圖案填滿」清單鈕，按下「材質」樣式清單鈕，選擇「橡樹」樣式。

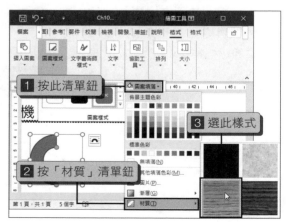

11 圖案填滿色彩變成木頭材質，圖案外框也該搭配相同色系。按下「圖案外框」清單鈕，選擇「金色，輔色 4, 較深 50%」色彩。

12 接著就要輸入員工姓名及分機號碼。切換到「插入」功能索引標籤，在「圖例」功能區中，按下「圖案」清單鈕，選擇插入 🄰「文字方塊」圖案。

13 在櫃台拱型圖案右方，拖曳繪製出文字方塊。

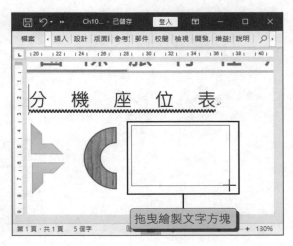

14 在文字方塊中輸入總機姓名及分
機號碼等文字資訊,輸入完成
後,切換到「繪圖工具 \ 格式」
功能索引標籤,在「大小」功能
區中,修改文字方塊大小為高度
「2.2 公分」、寬度「2.2 公分」。

15 按住鍵盤【Shift】鍵,分別點選
拱型圖案及文字方塊,同時選取
兩個圖案。
切換到「繪圖工具 \ 格式」功能
索引標籤,在「排列」功能區
中,按下「對齊」清單鈕,執行
「垂直置中」指令。

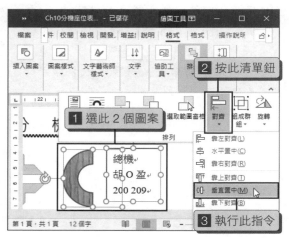

16 兩個物件相對水平置中對齊,選
取文字方塊並套用「溫和效果 -
藍色,輔色 5」樣式。接著在「繪
圖工具 \ 格式」功能索引標籤的
「插入圖案」功能區中,按下
「其他」清單鈕,選擇插入「圓
角矩形」圖案。

17 在文字方塊右方拖曳繪製出圓角矩形圖案，將圖案套用「溫和效果 - 金色，輔色 4」樣式，並調整大小為高度「2 公分」、寬度「5 公分」。

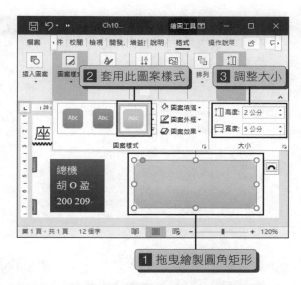

1 拖曳繪製圓角矩形

18 將游標移到圓角矩形左上角 ● 黃色小圓點「控制點」的位置，當游標變成 ▷ 符號，按住控制點調整圓角範圍到最大，放開滑鼠完成調整。

調整圓角範圍

19 繼續選取圓角矩形圖案，按滑鼠右鍵開啟快顯功能表，執行「新增文字」指令。

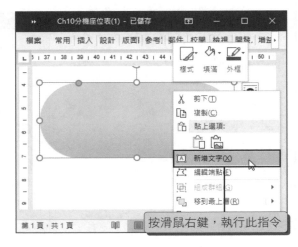

20 圖案中會出現編輯插入點，直接輸入文字「會客室」，輸入完將游標點選圖形外任何位置即可結束。

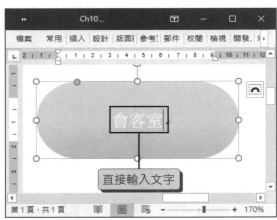

21 由於每個圖案都是獨立的物件，如果要調整整個區域的位置，還要一個一個移動，十分麻煩，不妨將區域物件群組起來，則可以一次移動群組內所有物件的位置。首先切換到「常用」功能索引標籤，在「編輯」功能區中，按下「選取」清單鈕，執行「選取物件」指令，先選取群組範圍的物件。

22 使用拖曳的方式，選取群組範圍
的物件。

23 範圍內的圖案物件都被選取，切
換到「繪圖工具\格式」功能索
引標籤，在「排列」功能區中，
按下「組成群組」清單鈕，執行
「組成群組」指令。

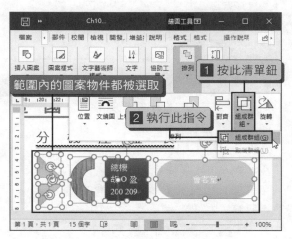

24 選取整個群組對齊段落，接著依
照步驟介紹的技巧，完成公司的
分機座位表。

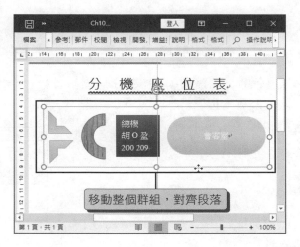

範例檔案：Word 範例檔 \Ch11 組織架構圖

單元 **11** 組織架構圖

公司組織架構圖是每間公司必備的重要文件，所代表的不僅是公司的組織架構，也表示著職位上職權的管轄範圍，因此在層級上要特別注意。

範例步驟

1 本單元主要介紹利用 SmartArt 圖形，快速製作出組織架構圖。請先開啟「Word 範例檔」資料夾中的「Ch11 組織架構圖 (1).docx」，將游標移到第二行中央位置，切換到「插入」功能索引標籤，在「圖例」功能區中，執行「插入 SmartArt 圖形」指令。

2 開啟「選擇 SmartArt 圖形」對話方塊，切換到「階層圖」類型，選擇「組織圖」樣式，按「確定」鈕。

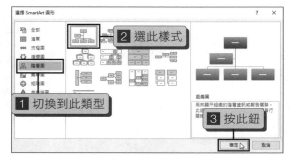

3 功能表列新增 SmartArt 工具功能
索引標籤，文件中插入預設的組
織圖圖形，並出現文字窗格，選
取第一層的圖案，直接輸入文字
「股東會」，此時文字窗格亦同步
顯示輸入文字。

4 接著選擇第二層圖案，輸入文字
「董事會」。按住鍵盤【Shift】
鍵，同時選取第三層中其中 2 個
圖案，按下鍵盤【Del】鍵，將這
2 個圖案刪除。

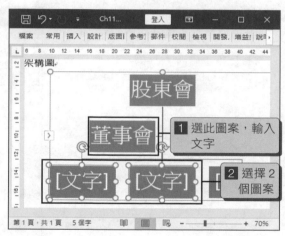

5 選取第三層剩下的圖案，輸入文
字「董事長」。切換到「SmartArt
工具\設計」功能索引標籤，在
「建立圖形」功能區中，按下
「新增圖案」清單鈕，執行「新
增下方圖案」指令。

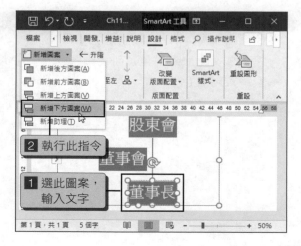

6 新增第四層圖案，在新增的圖案中輸入文字「總經理」。輸入完畢，再次執行「新增下方圖案」指令。

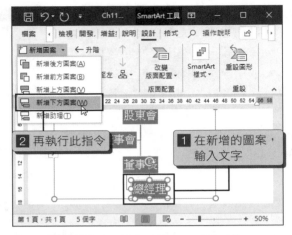

7 新增第五層圖案，在新增的圖案中輸入文字「旅遊銷售處」。輸入完畢後，執行「新增前方圖案」指令，新增相同層級另一個處室。

8 新增第五層同級圖案，在新增的圖案中輸入文字「行政管理處」。接著依據組織架構重複新增圖案及輸入文字工作。

9　公司組織做了部分修正，將「行銷企劃部」提升為「行銷企劃處」，其中包含「廣告美編部」及「公關部」，請開啟「Word 範例檔」資料夾中的「Ch11 組織架構圖 (2).docx」，進行編修組織圖。選取「行銷企劃部」圖案，切換到「SmartArt 工具 \ 設計」功能索引標籤，在「建立圖形」功能區中，執行「升階」指令。

10　「行銷企劃部」提升階層與「行政管理處」及「旅遊銷售處」同級。接著執行「文字窗格」指令，修改圖案文字。

11　文件中開啟「文字窗格」，窗格中的文字與階層圖同步，也有相同階層。反白選取「文字窗格」中「行銷企劃部」的「部」字。

12 輸入「處」取代「部」字，圖形
中也會同步修改。按下「文字窗
格」由上方 ✕「關閉」鈕，即可
關閉文字窗格。

TIPS

除了執行「文字窗格」指令可開啟窗格外，其實在組織圖的畫布上也有小圖示可以開關文字
窗格，只要將游標移到畫布左邊界上的 ⟨ 箭頭處，當游標符號變成手指符號，按下滑鼠左鍵
即可開啟文字窗格；反之按下 ⟩ 箭頭處，則可關閉文字窗格。

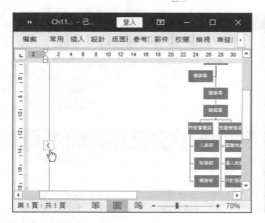
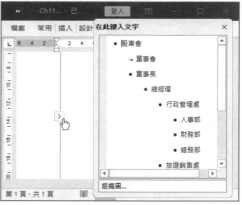

13 看不習慣單一顏色的組織圖圖形，可以在「SmartArt 樣式」功能區中，按下「變更色彩」清單鈕，選擇套用「彩色範圍，輔色 3 至 4」色彩樣式。

選擇此色彩樣式

14 如果不喜歡目前組織圖的樣式，也可以重新選擇。在「版面配置」功能區中，按下「改變版面配置」清單鈕（或是樣式庫旁的 ⊡「其他」鈕），選擇套用「階層圖」版面配置樣式。

選此版面配置樣式

15 組織架構圖套用新的色彩及版面配置樣式。看到圖形中有部分圖案內文字強迫換行，不是很美觀，只要調整一下圖案大小就可以解決。按住鍵盤【Shift】鍵，逐一選取所有綠色圖案。

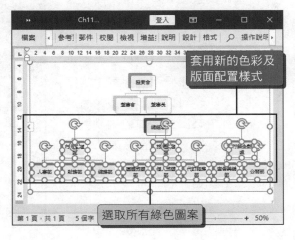

套用新的色彩及版面配置樣式

選取所有綠色圖案

16 切換到「SmartArt 工具 \ 格式」功能索引標籤，在「大小」功能區，調整圖案高度「1.4 公分」、寬度「2.65 公分」。由於圖案在繪圖畫布中會自動調整對應圖案的大小，建議以上下箭頭微調圖案寬度，直到文字都在同一行的寬度。

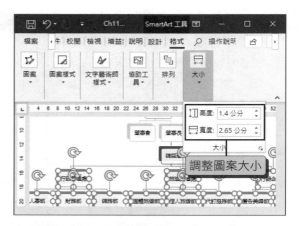

17 改選取「行政管理處」及下層三個部門圖案，按下「圖案填滿」清單鈕，選擇「綠色, 輔色 6, 較淺 80%」色彩，利用些許色差，讓同階層的不同處室，有明顯的區隔。

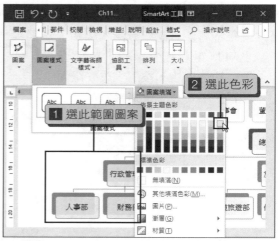

18 當我們調整圖案寬度讓文字在一行的同時，其實字型大小悄悄的變動了！由於畫布的大小受到頁面寬度的限制，所以只好先縮小字型應對，如果不想圖案中的字型變太小也可以設定字型。將游標移到畫布四周的白色控制點，按一下控制點選取整張畫布。切換到「常用」功能索引標籤，在「字型」功能區中選擇「微軟正黑體」、大小「14」。

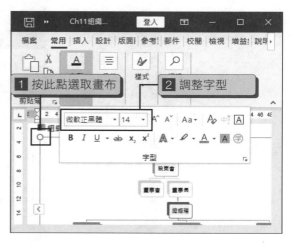

19 糟糕！圖案中的字又自動換行了！繼續選取整張畫布，切換到「SmartArt 工具＼格式」功能索引標籤，在「大小」功能區中，調整畫布高度「15 公分」、寬度「27 公分」。因為畫布太大超過文件編輯區邊界，被迫移到第二頁。

20 繼續在「SmartArt 工具＼格式」功能索引標籤的「排列」功能區中，按下「文繞圖」清單鈕，選擇「文字在後」樣式。

21 繼續在「排列」功能區中，按下「對齊」清單鈕，執行「使用對齊輔助線」指令。

22 按住滑鼠左鍵拖曳整張畫布,直到綠色對齊輔助線顯示水平及垂直皆對齊頁面中間,即可放開滑鼠完成組織架構圖。

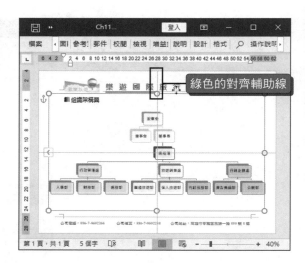

綠色的對齊輔助線

範例檔案：Word 範例檔 \Ch12 買賣合約書

單元 12 買賣合約書

「無紙化」的辦公環境，是現代人所追求的一個目標，但是有些文件，像合約書之類的文件，經常你來我往的要修改很多次，其實只要善用網路資源和追蹤修訂功能，就可以讓辦公室的紙張用量大幅減少。

範例步驟

1 本單元主要介紹追蹤修訂及保護文件功能，請先開啟「Word 範例檔」資料夾中的「Ch12 買賣合約書 (1).docx」，首先設定限制範圍，用來保護文件及記錄修改資料。切換到「校閱」功能索引標籤，在「保護」功能區中，執行「限制編輯」指令。

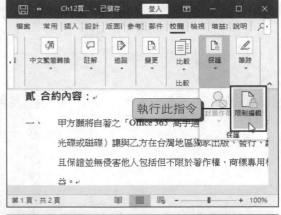

2 開啟「限制編輯」工作窗格，在第 2 項勾選「文件中僅允許此類型的編輯方式」，並按下清單選項鈕，選擇「追蹤修訂」方式，然後按下「是，開始強制保護」鈕。

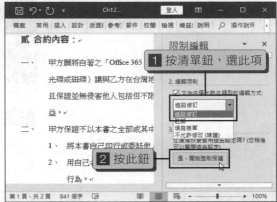

3 開啟「開始強制保護」對話方塊，輸入限制編輯密碼「1234」，再輸入一次確認密碼「1234」，輸入完按下「確定」鈕。

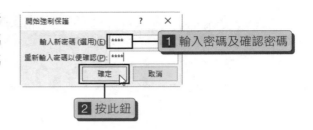

4 限制編輯設定完成，接下來要設定保護檔案密碼。「限制編輯」與「檔案保護」功能不相同，「限制編輯」可讓使用者開啟文件來進行修訂，但「檔案保護」可限制使用者開啟檔案，或進行僅能讀取而不能寫入的「唯讀」保護。按下「檔案」功能索引標籤。

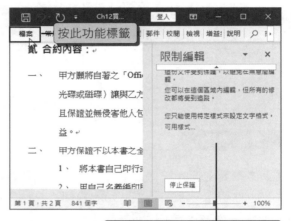

5 先切換到「另存新檔」索引標籤，選擇「瀏覽」開啟「另存新檔」對話方塊。

6 選擇儲存在「文件」資料夾，按下「工具」旁清單鈕，選擇「一般選項」項目。

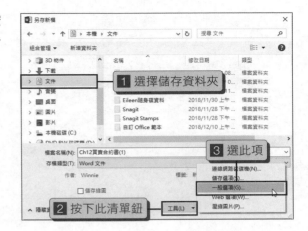

7 另外開啟「一般選項」對話方塊，分別輸入保護密碼「1234」和輸入防寫密碼「5678」，輸入完成按「確定」鈕。

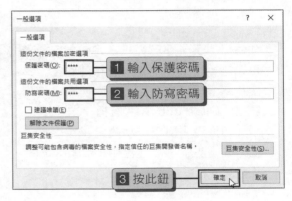

8 另外開啟「確認密碼」對話方塊，再次輸入保護密碼「1234」，輸入完成按「確定」鈕。

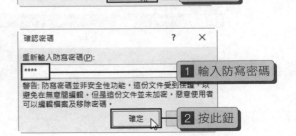

9 又另外開啟「確認密碼」對話方塊，這次要再次和輸入防寫密碼「5678」，輸入完成按「確定」鈕。

10 經過層層密碼輸入後，回到「另存新檔」對話方塊，另外輸入檔案名稱後，按「儲存」鈕完成檔案保護密碼設定。

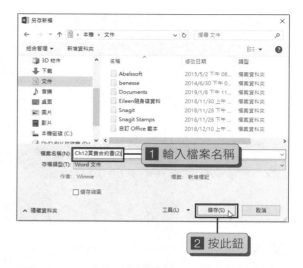

1 輸入檔案名稱

2 按此鈕

11 文件保護工作都已經設定完成，可以開始在文件中輸入要和其他使用者溝通的文字訊息。選取書名「Office 365 高手過招」文字，切換到「插入」功能索引標籤，在「註解」功能區中，執行「註解」指令。

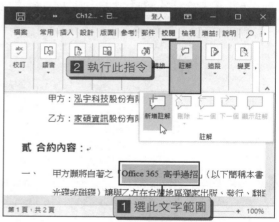

2 執行此指令

1 選此文字範圍

TIPS

索引標籤最右邊有一個 「🗨 註解」 圖示鈕，按下此鈕也可以找到「新增註解」的指令喔！

12 書名處會顯示註解提示，右邊界處會出現註解的文字方塊，其中預設顯示作者名稱，直接輸入要寫入的文字「書名需要變更嗎？」，可以再輸入其他註解後，按下「儲存檔案」鈕。接下來就讓文件去旅行，可以透過電子郵件、內部網路分享、雲端分享、儲存裝置傳輸…等各種方法，將檔案傳送給相關人員檢視修改。傳輸過程別忘了密碼也要告知相關人員，否則檔案無法開啟喔！

13 假設文件經過其他成員檢視修改後回來，請先開啟「Word 範例檔」資料夾中的「Ch12 買賣合約書(2).docx」。開啟文件之前，最先跳出來的是「密碼」對話方塊，請輸入設定的文件保護密碼「1234」，輸入完按下「確定」鈕。

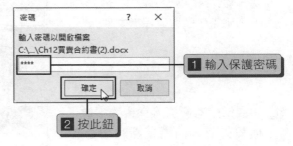

14 又跳出「密碼」對話方塊，這次請輸入文件防寫密碼「5678」，輸入完按下「確定」鈕。

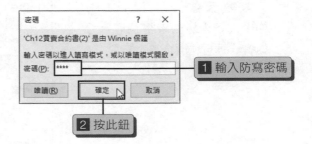

15 開啟文件後，就可以看到其他成員回覆或新增的註解。接受或拒絕相關修訂之前，必須先解除「限制編輯」的保護，切換到「校閱」功能索引標籤，在「保護」功能區中，先執行「限制編輯」指令，開啟「限制編輯」工作窗格，按下「停止保護」鈕。

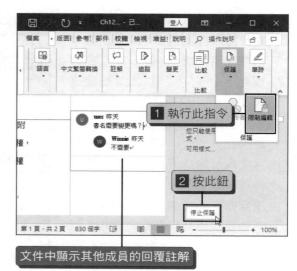

1 執行此指令

2 按此鈕

文件中顯示其他成員的回覆註解

16 開啟「解除文件保護」對話方塊，輸入保護密碼「1234」，按下「確定」鈕取消保護文件。

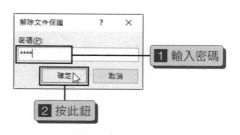

1 輸入密碼

2 按此鈕

17 想要知道有哪些人在合約中做了何種修正？回覆或新增哪些註解？最快的方法就是讓所有修訂列表顯示。在「追蹤」功能區中，按下「檢閱窗格」清單鈕，執行「垂直檢閱窗格」指令。

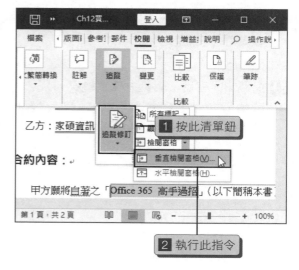

1 按此清單鈕

2 執行此指令

18 編輯視窗中開啟「修訂」工作窗格，顯示所有修訂內容。點選第一項修訂內容，在「變更」功能區中，按下「拒絕」清單鈕，執行「拒絕並移至下一個」指令。

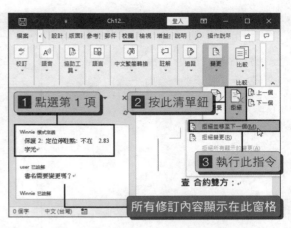

19 自動移到第 2 個修訂處，選擇回覆的註解文字，在「註解」功能區中，按下「」清單鈕，按下「刪除」清單鈕，執行「刪除」指令。

20 回覆註解被刪除。接著在「變更」功能區中，執行「下一個」指令，移到下一個修訂處。

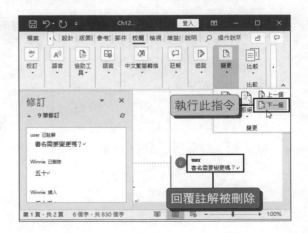

21 這一個是金額的部分有作修訂。如果確定要修改，在「變更」功能區中，按下「接受」清單鈕，執行「接受並移到下一個」指令。

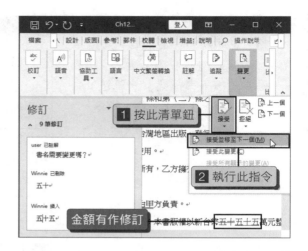

22 使用者可以一個一個慢慢檢視並決定是否修訂，也可以完全聽從主管的建議，一次接受所有的修訂，請再次按下「接受」清單鈕，執行「接受所有變更並停止追蹤」指令。

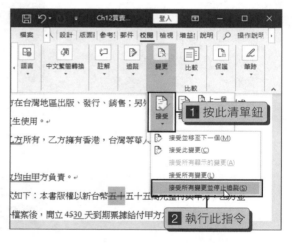

23 當文件內容的修訂都沒問題之後，在儲存成正式買賣合約前，還要將多餘的註解刪除，在「註解」功能區中，按下「刪除」清單鈕，執行「刪除文件中所有註解」指令。最後按下「儲存檔案」鈕，或執行「另存新檔」指令就完成買賣合約書。

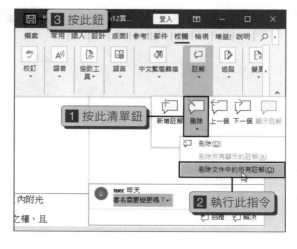

單元 13　公司章程

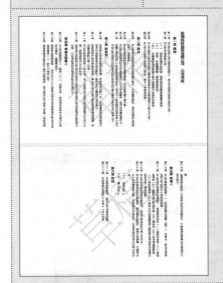

公司登記設立時，各縣市建設局都會要求一份「公司章程」，其中註明了公司組織的型態、管理階層的人員的職階、股東的權利及義務等內容，以往多半以直書的格式為主，而現階段推行橫式文書，但是不論直書或橫書，不妨都以橫書方式將所有格式設定完畢，要轉換成直書也比較便利。

範例步驟

1 本單元主要介紹自訂編號格式及浮水印的用法。請先開啟「Word 範例檔」資料夾中的「Ch13 公司章程 (1).docx」，按住鍵盤【Ctrl】鍵，先選取不連續範圍的六個章節的標題文字，然後切換到「常用」功能索引標籤，在「段落」功能區中，按下 三▾「編號」清單鈕，執行「定義新的編號格式」指令。

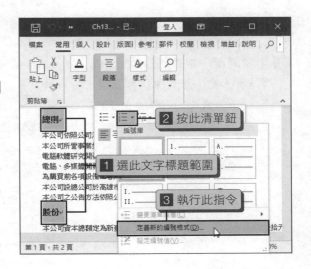

2 開啟「定義新的編號格式」對話方塊，選擇預設「一，二，三(繁)...」的編號樣式，在編號格式前後分別輸入「第」及「章」，中間保留預設的編號樣式，設定完成按下「確定」鈕。

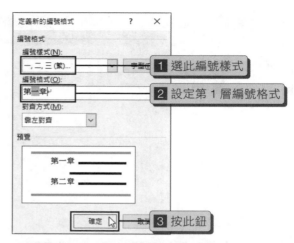

3 章節標題套用第 1 層的編號格式。接著選取第一章前兩行文字範圍，再執行一次「定義新的編號格式」指令。

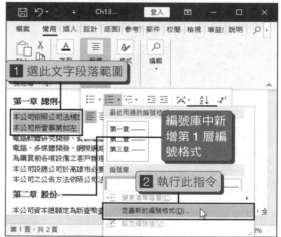

4 再次開啟「定義新的編號格式」對話方塊，仍然保留預設「一，二，三(繁)...」的編號樣式，並在編號格式中輸入「第」及「條」，中間保留預設的編號樣式，按下「確定」鈕。

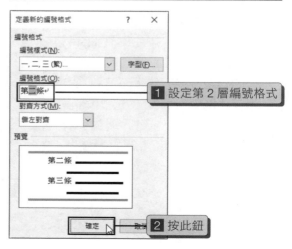

5 繼續選取下面 3~5 行的文字範圍，再次執行「定義新的編號格式」指令。

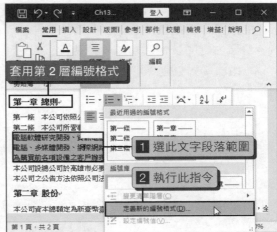

6 再次開啟「定義新的編號格式」對話方塊，在中間編號樣式的前後，加上「(」、「)」，設定完成按下「確定」鈕。

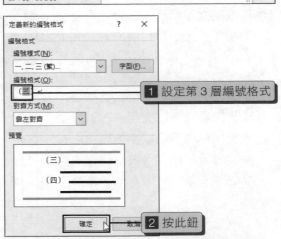

7 定義了三種新的編號格式，接著選取第 6~7 行文字範圍，按下「常用 / 段落 / 編號」清單鈕，選擇剛新增的第 2 層編號格式，讓文字加上第幾條編號。

8 新套用的編號不會自動延續上面的編號，而是重新編號。此時按滑鼠右鍵開啟快顯功能表，執行「繼續編號」指令。

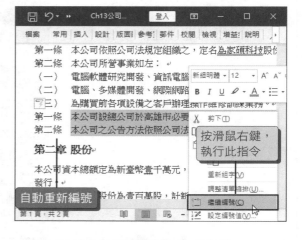

9 選取的文字範圍會延續上面編號的重新編號，用相同的方法將下方的條文，套用相同的編號格式，並執行「繼續編號」指令，但是部分條文套用編號格式後，會出現換行後的文字沒有對齊上一行的亂象。選取不連續的所有條文段落，按滑鼠右鍵開啟快顯功能表，執行「調整清單縮排」指令。

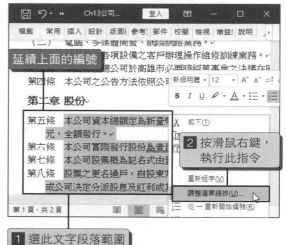

10 開啟「調整清單縮排」對話方塊，在文字縮排處輸入「2公分」的縮排距離，設定完成按下「確定」鈕。

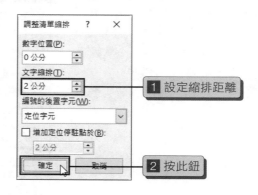

11 換行後文字可以對齊上一行。接著選取第 3 層編號格式的文字段落範圍，切換到「常用」功能索引標籤，在「段落」功能區中，按下 ≣「增加縮排」鈕，此時段落文字會向右移動，約執行 2 次，就可將第 3 層文字段落與第 2 層文字對齊。

12 文件段落格式及標號項目都設定完畢，就可以將文件轉換成直書方式。請開啟「Word 範例檔」資料夾中的「Ch13 公司章程 (2).docx」，切換到「版面配置」功能索引標籤，在「版面設定」功能區中，按下「文字方向」清單鈕，執行「垂直」指令。

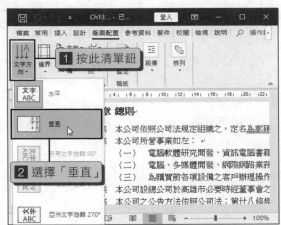

13 轉換成直書後，文件格式仍然保持完整，只需做一些美觀上的調整。選取六個章節的標題文字。

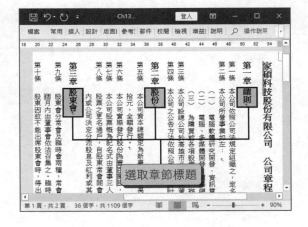

14 繼續在「版面配置」功能索引標籤的「段落」功能區中,設定向左縮排「2 字元」,讓文件段落看起來更明顯。

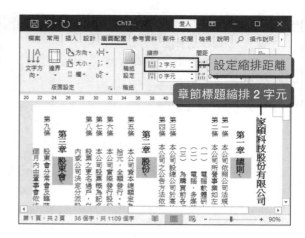

15 文件直書後,文字都沒有問題,但是阿拉伯數字就會出現沒有轉向的問題。選取「99%」文字,切換到「常用」功能索引標籤,在「段落」功能區中,按下 ⚌▾「亞洲配置方式」清單鈕,執行「橫向文字」指令。

16 開啟「橫向文字」對話方塊,勾選「調整於一行」項目,按下「確定」鈕。

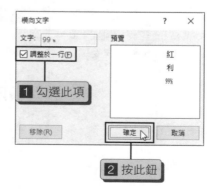

17 數字改成橫向排列，依相同方法
將下一行「1%」也改成橫向文
字。

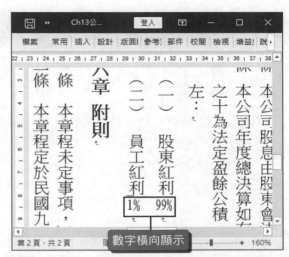

數字橫向顯示

18 有時文件還在草擬的階段，為了
避免誤用造成損失，不妨在文件
中加上明確的記號。切換到「設
計」功能索引標籤，在「頁面背
景」功能區中，按下「浮水印」
清單鈕，選擇「草稿1」的浮水
印樣式。

1 按此清單鈕

2 選此浮水印樣式

19 文件中央隱約顯示「草稿」字
樣，這樣文件就不怕被誤用。

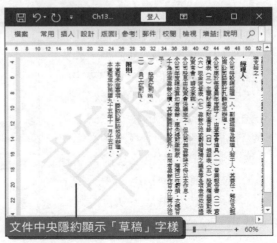

文件中央隱約顯示「草稿」字樣

範例檔案：Word 範例檔 \Ch14 員工手冊

單元 **14** 員工手冊

每個新進員工都會拿到一本員工手冊，其中載明了員工應該遵守的權利與義務。員工手冊是條文複雜的長篇文件，如何利用 Word 功能將內容編排的條理清晰，讓員工更快了解員工手冊的內容。

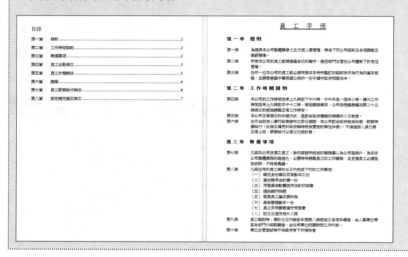

範例步驟

1 本單元主要介紹設定格式樣式，並利用大綱模式編輯文件，讓長文件的編排有規範可依循。請先開啟「Word 範例檔」資料夾中的「Ch14 員工手冊 (1).docx」，首先建立章節編號的格式樣式。將編輯插入點移到「總則」文字前方，切換到「常用」功能索引標籤，在「樣式」功能區中，按下「其他」清單鈕，執行「建立樣式」指令。

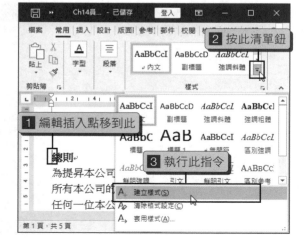

2 開啟「從格式建立新樣式」對話
方塊，樣式名稱處輸入「章號」，
按下「修改」鈕。

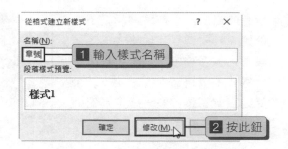

3 開啟更大的「從格式建立新樣
式」對話方塊，「供後續段落使用
之樣式」修改為「內文」；字型大
小變更為「14」且設定為「粗
體」；按下 ↕≣「行距與段落間距」
鈕，以增加與前後段距離「6pt」；
之後按下「格式」清單鈕，選擇
「編號方式」進行設定。

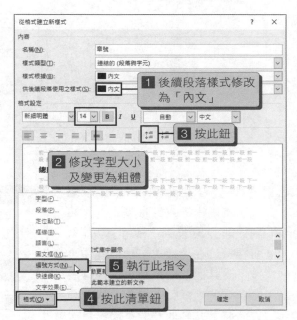

4 另外開啟「編號及項目符號」對
話方塊，選擇「第一章」編號方
式，按「確定」鈕。（本單元延續
上一單元的編號方式，定義新的
編號方式請參考單元 13）

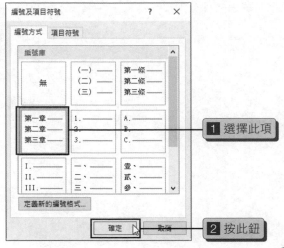

5 所有的格式設定都會顯示在下方位置，若要進行其他格式設定像段落、文字效果…等，再按下「格式」清單鈕進行設定，若全部設定確認後，按「確定」鈕回到編輯文件視窗。

完成設定按此鈕

6 「總則」套用新增的「章號」樣式。將編輯插入點移到「工作時間細則」，切換到「常用」功能索引標籤，在「樣式」功能區中，按下「其他」清單鈕，選擇套用剛新增的「章號」樣式。依相同方法將下方其他 6 個章節標題設定相同樣式。

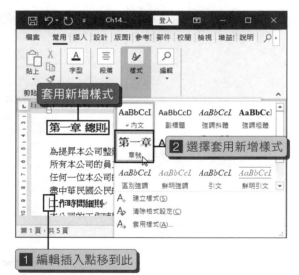

1 編輯插入點移到此

7 已經設定好的樣式若要做修改，則會影響已經設定樣式的章節標題，因此可以同時選取這些標題。將編輯插入點移到「第八章」位置，在「樣式」庫中，選取「章號」樣式，按滑鼠右鍵開啟快顯功能表，執行「選取全部 8 個例項」指令。

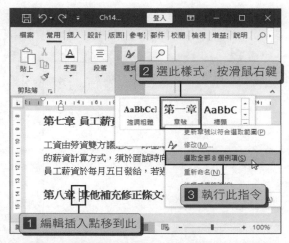

8 已經選取 8 個章號標題，在「樣式」庫中，再次選取「章號」樣式，按滑鼠右鍵開啟快顯功能表，執行「修改」指令。

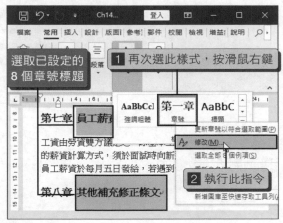

9 此時會開啟「修改樣式」對話方塊，按下「格式」清單鈕，執行「字型」指令。

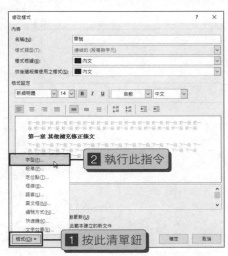

10 開啟「字型」對話方塊,切換到「進階」索引標籤,「間距」處選擇「加寬」,點數設定為「3點」,最後按下「確定」鈕。

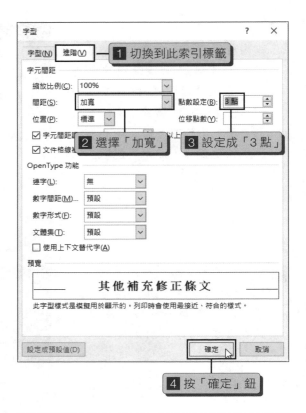

11 回到「修改樣式」對話方塊,確認沒有其他要修改的部分後,按下「確定」鈕完成修改樣式。

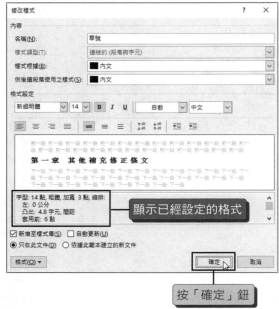

12 將編輯插入點移到非章節標題處，切換到「常用」功能索引標籤，按下「樣式」清單鈕，執行「建立樣式」指令，另外再設定「條號」、「項號」及「小項」3種樣式，輸入名稱後，直接按下「確定」鈕，不需另外修改格式。

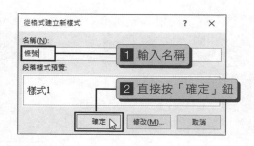

13 接著要設定多層次的項目編號，以便配合大綱來編輯長文件。將編輯插入點移到第一章標題下方第一行位置，切換到「常用」功能索引標籤，在「段落」功能區中，按下 「多層次清單」清單鈕，執行「定義新的多層次清單」指令。

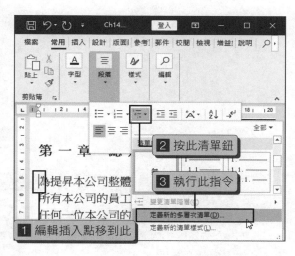

14 開啟「定義新的多層次清單」對話方塊，先選擇要修改的階層「1」，在「這個階層的數字樣式」項下，按下數字樣式清單鈕，選擇「一，二，三(繁)...」數字樣式，按下「更多」鈕，進行更多的設定。

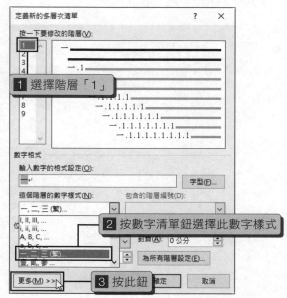

15 繼續輸入數字的格式設定成「第一條」，中間數字為這個階層的數字樣式，接著位置部分設定文字縮排「2.6公分」，最後按下「將階層連結至樣式」清單鈕，選擇步驟12定義的「條號」格式樣式。

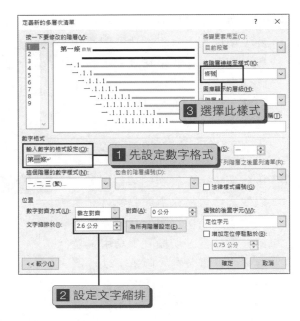

16 選擇階層「2」，進行相關設定。輸入數字的格式設定成「（一）」，文字縮排「4公分」，位置對齊「2.6公分」，將階層連結至樣式選擇「項號」格式樣式。

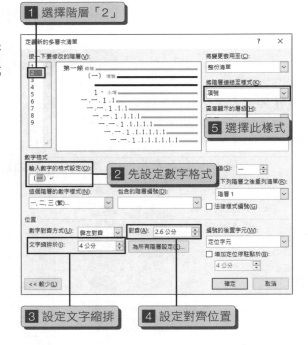

17 接著選擇階層「3」，進行相關設定。在「這個階層的數字樣式」項下，按下數字樣式清單鈕，選擇「全形…」數字樣式，輸入數字的格式設定成「1、」，文字縮排「4.8 公分」，位置對齊「3.8 公分」，將階層連結至樣式選擇「小項」格式樣式。當所有清單階層都設定完成，按下「確定」鈕則可回到文件編輯視窗。

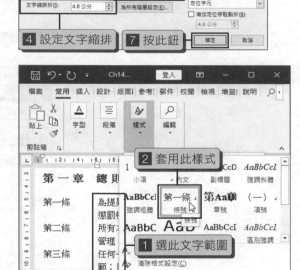

18 選取前 3 段文字範圍，按下「樣式」清單鈕，選擇套用「條號」樣式，此時發現「樣式」與「多層次清單」結合，只要套用樣式就可以一併套用編號清單。

19 雖然在多層次清單中有設定層級，但是切換到大綱檢視模式下就能清楚的知道並非如此，因此要運用大綱檢視模式來修正整篇文章的層級。

請先開啟「Word 範例檔」資料夾中的「Ch14 員工手冊 (2).docx」，首先切換到「檢視」功能索引標籤，在「檢視」功能區中，執行「大綱模式」指令切換檢視模式。

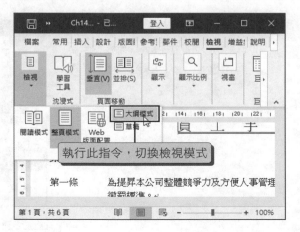

20 此時會切換到大綱檢視模式,而「常用」功能索引標籤左方會出現「大綱」功能索引標籤。將編輯插入點移到第一章文字內容,切換到「常用」索引標籤,在「樣式」庫清單中,選擇「章號」樣式,按滑鼠右鍵開啟快顯功能表,執行「選取全部 8 個例項」指令。

21 已經選取 8 個章號標題,切換回「大綱」索引標籤,按下「大綱階層」清單鈕,選擇變更階層由本文變成「階層 1」。

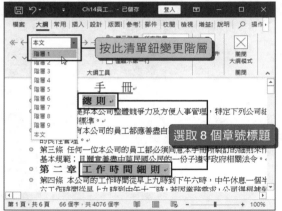

22 此時選取範圍已經變成階層 1,而標題前方會出現 ⊕ 符號。按下「顯示階層」清單鈕,選擇僅顯示「階層 1」內容。

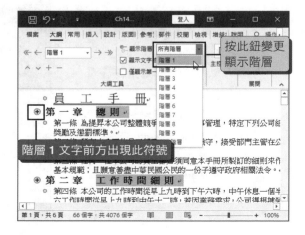

23 編輯視窗中僅顯示第一階層的文字內容。按下「關閉大綱模式」圖示鈕可結束大綱模式。

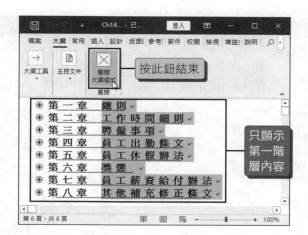

24 回到「整頁模式」編輯文件。將編輯插入點移到第一章文字內容，切換到「參考資料」功能索引標籤，按下「目錄」清單鈕，選擇「自動目錄2」樣式。

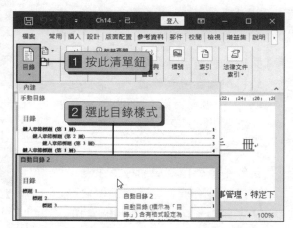

25 依據大綱階層1，自動建立員工手冊目錄，但是目錄與內容在同一頁略顯擁擠，不妨將內容移到下一頁。將編輯插入點移到「員工手冊」文字前方，切換到「插入」功能索引標籤，在「頁面」功能區中，執行「分頁符號」指令，強迫內容換頁。

26 由於插入換頁符號，內容已經被迫移到下一頁，所以頁次已經調整，但目錄卻沒更新。只需要選取目錄範圍，就會顯示智慧功能表，執行「更新目錄」指令進行頁碼更新。

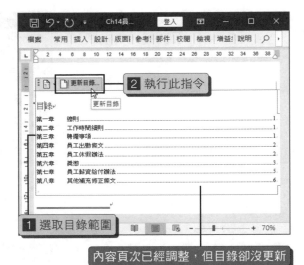

27 開啟「更新目錄」對話方塊，如果目錄內容沒有修改，只需要選取「只更新頁碼」選項，按下「確定」鈕即可。

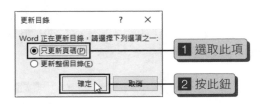

28 目錄中頁碼已經更新。如果覺得目錄段落擁擠，也可以選取目錄文字範圍，切換到「常用」功能索引標籤，在「段落」功能區中，按下 ‡三-「行距與段落間距」清單鈕，調整行距為「1.5」行，讓目錄看起來更美觀。

範例檔案：Word 範例檔 \Ch15 設計廣告傳單

單元 15　設計廣告傳單

別以為圖片眾多的廣告傳單就一定要使用專業的軟體才能製作，只要準備好圖片及宣傳文稿，使用 Word 也能製作出專業的廣告傳單。

範例步驟

1 本範例主要應用文字藝術師及版面設計功能，製作出廣告傳單。請先開啟「Word 範例檔」資料夾中的「Ch15 設計廣告傳單 (1).docx」，切換到「插入」功能索引標籤，在「圖例」功能區中，執行插入「圖片」指令。

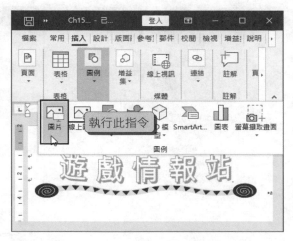

2 開啟「插入圖片」對話方塊，選擇「範例圖檔」資料夾，選取「產品圖」圖片檔，按「插入」鈕。

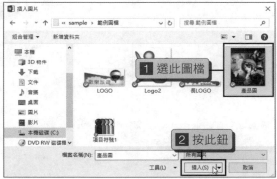

3 接著切換到「圖片工具\格式」功能索引標籤，在「排列」功能區中，按下「位置」清單鈕，選擇將圖片移到文件「右下方矩形文繞圖」位置。

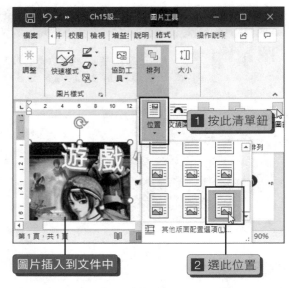

4 繼續選取此圖片，切換到「圖片工具\格式」功能索引標籤，在「圖片樣式」功能區中，按下 ✍ 「圖片效果」清單鈕，選擇「光暈」效果類型，套用「橙色，強調色 2, 8pt, 光暈」效果樣式。

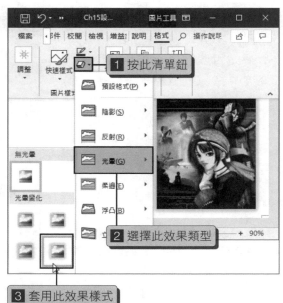

5 圖片效果設定後，效果不是很明顯，那就變更背景底色。切換到「設計」功能索引標籤，在「頁面背景」功能區中，按下「頁面色彩」清單鈕，選擇色彩「金色，輔色 4, 較深 50%」。

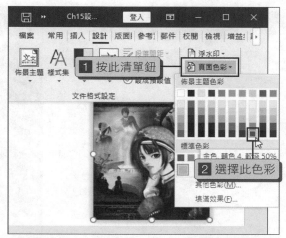

6 背景顏色變成金色。切換到「插入」功能索引標籤，在「文字」功能區中，按下「文字藝術師」清單鈕，選擇「漸層填滿：金色，輔色 4; 外框：金色，輔色 4」樣式。

7 文件中插入文字藝術師文字方塊，先修改字型為「微軟正黑體」，再直接輸入產品名稱「巴冷公主」。

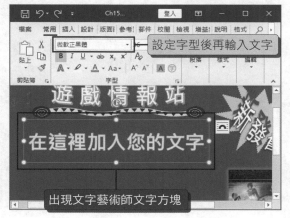

8 選取文字藝術師方塊,使用拖曳的方式將方塊圖案移到文件下方中央位置。(開啟對齊輔助線方式請參考單元 10)

輸入文字後移到此處

9 接著按住鍵盤【Ctrl】鍵,使用拖曳的方式複製文字藝術師方塊到左方位置。選取新的文字藝術師方塊,切換到「繪圖工具\格式」功能索引標籤,在「文字藝術師樣式」功能區中,按下「文字效果」清單鈕,選擇「轉換」類型,選擇「梯形:向右」樣式。

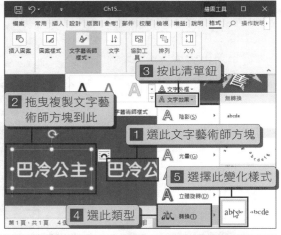

3 按此清單鈕

2 拖曳複製文字藝術師方塊到此

1 選此文字藝術師方塊

5 選擇此變化樣式

4 選此類型

10 選取文件中央的文字藝術師方塊,再次按下「文字效果」清單鈕,選擇「反射」類型,選擇「半反射,相連」樣式。

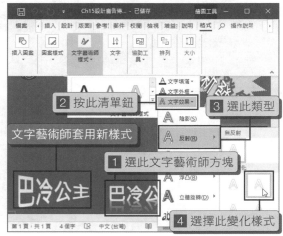

2 按此清單鈕

3 選此類型

文字藝術師套用新樣式

1 選此文字藝術師方塊

4 選擇此變化樣式

11 文字方塊不僅只是可以加入文字的矩形，Word 還替文字方塊設計一些帶有圖案的樣式，讓文字方塊充滿設計感。立刻切換到「插入」功能索引標籤，在「文字」功能區中，按下「文字方塊」清單鈕，選擇「切割線引述」樣式。

12 文件中插入文字方塊，選取此方塊按滑鼠右鍵，開啟快顯功能表，執行「群組\取消群組」指令。

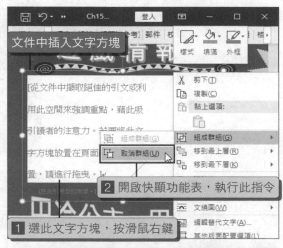

13 文字方塊群組被取消後，被分成 3 個部分，原始的文字方塊、白色矩形圖案及斜線圖案。選取白色矩形圖案，按下鍵盤【Del】鍵刪除白色矩形部分。

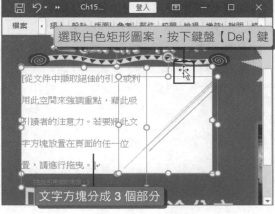

14 接著在文字方塊中輸入宣傳文稿的文件，請開啟「Word 範例檔」資料夾中的「Ch15 設計廣告傳單 (2).docx」，已經在文字方塊中輸入文字。最後調整斜線角度與位置即可。

15 按下「檔案」功能索引標籤，切換到「列印」標籤中，預覽列印的文件底色是白色的？因為「頁面色彩」功能僅限於螢幕顯示，使用者可以選擇「金色」的紙張進行列印，可以節省墨水。或按下左上方 ⬅「返回」鈕回到編輯視窗。

16 若要連底色一起直接列印，可以插入與頁面相同大小的矩形圖案，圖案填滿選擇「金色，輔色 4, 較深 50%」、圖案外框選擇「無外框」，最後執行「繪圖工具 / 排列 / 下移一層 / 置於文字之後」指令，再進行列印即可。

範例檔案：Word 範例檔 \Ch16 客戶摸彩券樣張

單元 16　客戶摸彩券樣張

對於規模不是很大的企業，偶爾想要舉辦抽獎活動，但是一次印刷摸彩券動輒三、五千張，實在既不經濟又不實惠。如果只想辦理小型的摸彩活動，可以使用 Word 來設計摸彩券，選擇印少許數量，或用完再印，豈不是很方便。

範例步驟

1. 本單元將綜合一些簡單的功能，其實不用很複雜，就可以做精美的摸彩券。請先開啟空白的文件，首先設定紙張大小，切換到「版面配置」功能索引標籤，在「版面設定」功能區中，按下「大小」清單鈕，執行「其他紙張大小」指令。

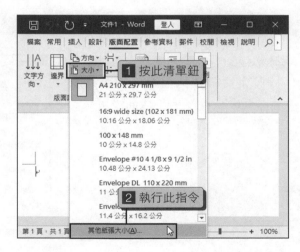

2. 開啟「版面設定」對話方塊，自動切換到「紙張」索引標籤，在紙張大小高度處輸入「5.8 公分」，寬度維持不變。

3 接著切換到「邊界」索引標籤，設定頁面邊界，分別將上、下、左、右邊界設定成「0.8 公分」。

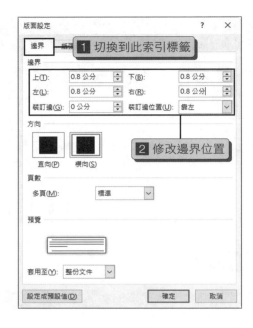

4 切換到「版面配置」索引標籤，設定頁首頁尾與頁緣的距離為「0.5 公分」，全部版面設定完成後，按「確定」鈕。

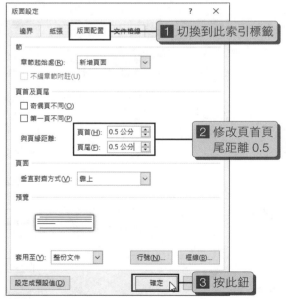

5 回到文件編輯視窗，編輯範圍明顯變小。繼續在「版面設定」功能區中，按下「欄」清單鈕，執行「二」指令，將文件設定成兩欄式編輯方式。

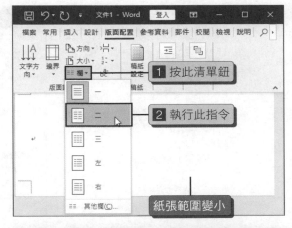

6 文件變成兩欄式編輯方式，開始進行文字編輯，請先開啟「Word範例檔」資料夾中的「Ch16 客戶摸彩券樣張 (1).docx」，繼續下列步驟。切換到「插入」功能索引標籤，在「圖例」功能區中，按下「圖案」清單鈕，執行「線條」指令，插入一條垂直線，作為兩聯之間的裁切線。

7 繪製一條垂直線條，並對齊頁面中央，切換到「繪圖工具\格式」功能索引標籤，在「圖案樣式」功能區中，按下「圖案外框」清單鈕，選擇外框色彩「白色，背景 1, 較深 50%」；再按一次「圖案外框」清單鈕，在選擇「虛線」類別中，選擇「虛線 1」樣式。

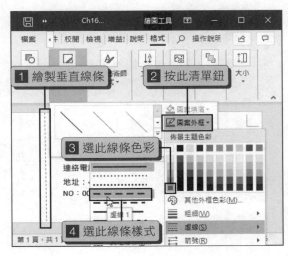

8 接著為版面加些點綴的花邊,切換到「設計」功能標籤索引,在「頁面背景」功能區中,執行「頁面框線」指令。

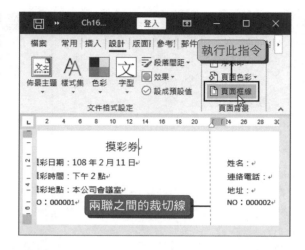

9 開啟「框線及網底」對話方塊,在「頁面框線」索引標籤下,按下「花邊」旁的清單鈕,選擇「愛心」圖樣。

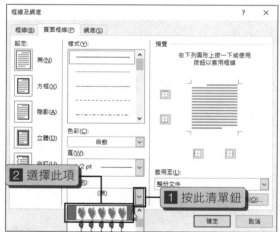

10 繼續調整框線寬度為「6 點」,按下「選項」鈕進行其他設定。

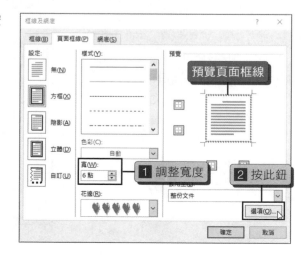

11 開啟「框線與網底選項」對話方塊，調整頁面框線距離頁面邊緣的距離，上、下為「15 點」，左、右為「12 點」，按下「確定」鈕回到上一步驟的「框線與網底」對話方塊，再按一次「確定」鈕結束頁面框線設定。

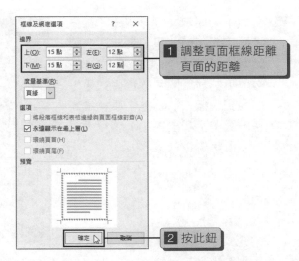

1 調整頁面框線距離頁面的距離

2 按此鈕

12 繼續在「設計」功能索引標籤，在「頁面背景」功能區中，按下「浮水印」清單鈕，執行「自訂浮水印」指令。

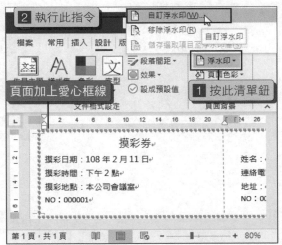

2 執行此指令

頁面加上愛心框線

1 按此清單鈕

13 開啟「列印浮水印」對話方塊，選擇「文字浮水印」選項，在文字中自行輸入「機密樣本」、字型選擇「微軟正黑體」、大小選擇「72」，版面配置選擇「水平」選項，設定完成按「確定」鈕。

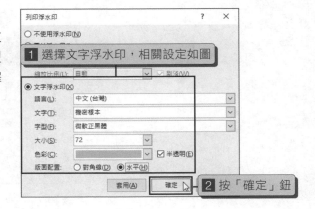

1 選擇文字浮水印，相關設定如圖

2 按「確定」鈕

14 文件中央顯示文字浮水印。選擇了文字浮水印效果，就無法選擇圖片浮水印，如果想要兩者兼得，不妨利用圖片的色彩效果，切換到「插入」功能索引標籤，在「圖例」功能區中，執行「圖片」指令。

15 開啟「插入圖片」對話方塊，選擇「範例圖檔」資料夾，選擇「Logo2」圖檔，按「插入」鈕。

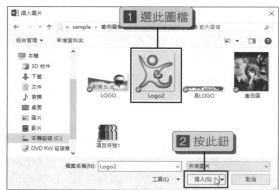

16 切換到「圖片工具\設計」功能索引標籤，在「排列」功能區中，按下「文繞圖」清單鈕，選擇執行「文字在前」指令。

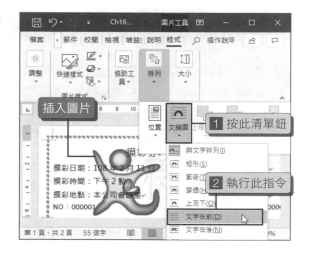

17 繼續在「調整」功能區中，按下「透明度」清單鈕，選擇「透明度 :65%」樣式。

TIPS

在「調整」功能區中，若按下「色彩」清單鈕，選擇「刷淡」樣式，也可以製造類似浮水印的效果。

18 圖片也顯示類似浮水印效果，複製浮水印效果圖片到相對頁面位置。使用者也可以將圖片製作成浮水印，另外再插入文字方塊製造類似浮水印的效果；或是在頁首頁尾中製作類似浮水印效果也不錯，方法有很多種，看使用者如何自行應用。

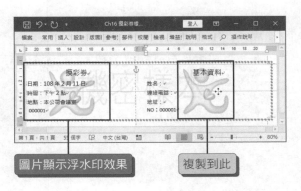

範例檔案：Word 範例檔 \Ch17 顧客郵寄名條

單元 17　顧客郵寄名條

現在不管大小型店家，都會招攬會員藉以培養忠實客戶。擁有顧客基本資料後，要如何落實會員服務？沒事寄一些優惠訊息，或是舉辦抽獎郵寄一些小禮品…等，雖然有些會員訊息可以透過社群軟體傳達，但是好康訊息主動郵寄通知會員，有時候比會員被動上網查詢來得有誠意。

範例步驟

1 本範例主要介紹郵件功能，使用者可以在 Word 建立客戶資料，就可以輕鬆列印郵寄標籤。請先開啟 Word 程式並新增空白文件，切換到「郵件」功能索引標籤，在「啟動合併列印」功能區中，按下「選取收件者」清單鈕，執行「鍵入新清單」指令。

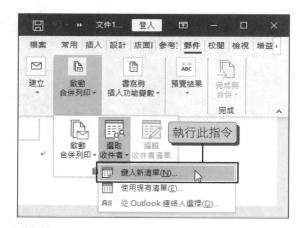

2 開啟「新增通訊清單」對話方塊，先按下「自訂欄位」鈕，修改欄位名稱以符合個人的需求。

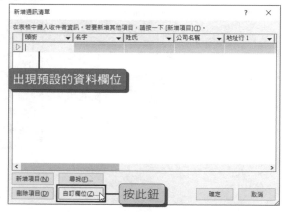

3 另外開啟「自訂通訊清單」對話方塊，其中會顯示目前所有的欄位名稱，先選取「頭銜」欄位，按「重新命名」鈕。

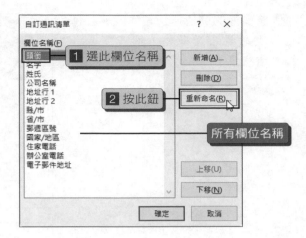

4 再開啟「更改欄位名稱」對話方塊，輸入新的欄位名稱「稱謂」，按下「確定」鈕。

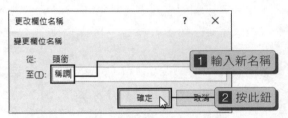

5 多餘的欄位除了用重新命名給予新的定義外，還可以直接刪除，選擇「公司名稱」欄位，按下「刪除」鈕。

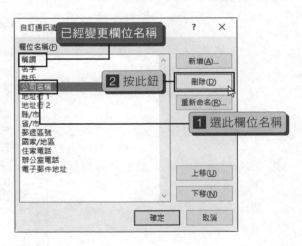

6 開啟確認對話方塊，由於目前尚未輸入任何資料，因此直接按「是」鈕。

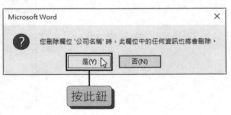

7 將多餘的欄位通通刪除後，若發現還要新增欄位，請按下「新增」鈕。

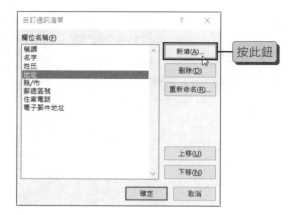

8 開啟「新增欄位」對話方塊，直接輸入新欄位名稱「行動電話」，按「確定」鈕。

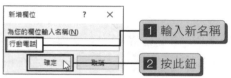

9 最後利用「上移」和「下移」鈕，將欄位名稱重新排序。選擇「行動電話」欄位名稱，按「下移」鈕，每按一次則會下移一個位置。

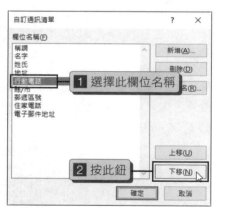

10 將所有欄位清單新增、更名和排序完畢後，按下「確定」鈕，開始輸入顧客資料。

11 回到「新增通訊清單」對話方塊，按照欄位名稱位置輸入顧客資料，輸入完成按「確定」鈕。

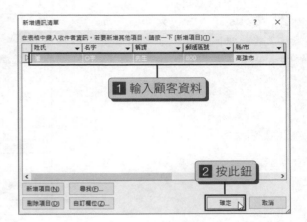

12 此時會另外開啟「儲存通訊清單」對話方塊，並自動選擇預設的儲存資料夾，直接輸入檔案名稱「顧客名單」後，則可按下「儲存」鈕。

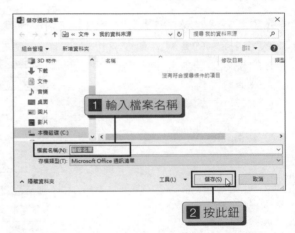

13 如果要另外新增其他顧客資料，只要切換到「郵件」功能索引標籤，在「啟動合併列印」功能區中，執行「編輯收件者清單」指令。

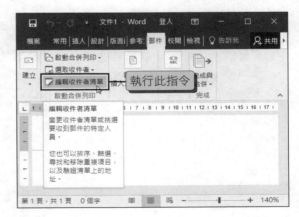

14 再次開啟「合併列印收件者」對
話方塊,選取「顧客名單」資料
來源,按「編輯」鈕。

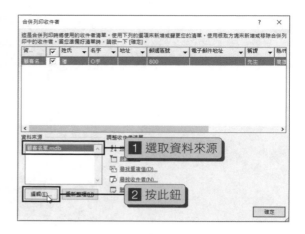

15 對話方塊變成「編輯資料來源」,
其中顯示的資料清單變成可編輯
的模式,若要新增資料按下「新
增項目」鈕。

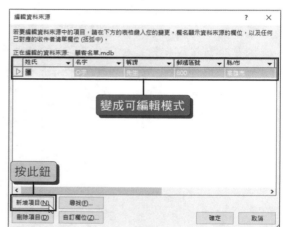

16 輸入第二筆資料,若要新增第三
筆資料,請按「新增項目」鈕;
若已經輸入完所有資料,請按
「確定」鈕。

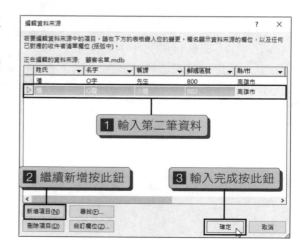

17 開啟確認對話方塊，選擇按「是」鈕，確認更新收件者清單並回到「合併列印收件者」對話方塊，再按一次「確定」鈕回到編輯文件視窗。

18 當收件者清單都建立完畢，就可以開始進行標籤列印的工作。
切換到「郵件」功能索引標籤，在「啟動合併列印」功能區中，按下「啟動合併列印」清單鈕，執行「標籤」指令。

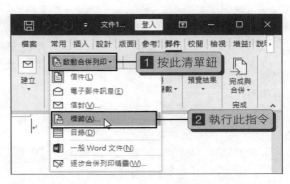

19 開啟「標籤選項」對話方塊，在標籤編號處選擇「北美規格」（橫式名片）樣式，按下「確定」鈕。

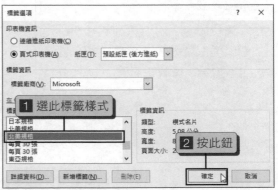

20 回到編輯視窗文件呈現無框線的表格型態，將編輯插入點移到第一個表格位置，切換到「郵件」功能索引標籤，在「書寫與插入功能變數」功能區中，按下「插入合併欄位」清單鈕，選擇插入「郵遞區號」欄位名稱。

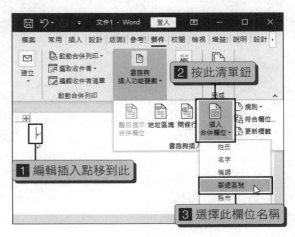

21 「郵遞區號」欄位名稱被插入於文件中，繼續按下「插入合併欄位」清單鈕，選擇插入「縣市」欄位名稱。

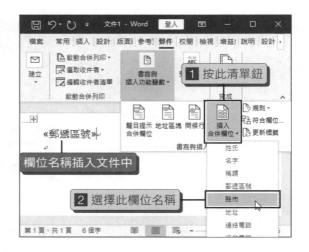

22 接著插入「地址」，換行後再插入「姓氏」、「名字」及「稱謂」，最後加上文字「收」，完成合併列印欄位設定。將游標移到表格上方，選取整張表格範圍，統一設定字型為「微軟正黑體」、大小為「14」。

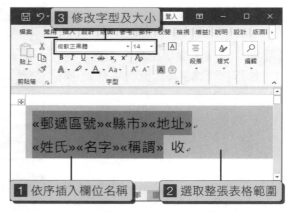

23 繼續設定整張表格文字的對齊方式。同樣選取整張表格範圍，切換到「表格工具\版面配置」功能索引標籤，在「對齊」功能區中，按下 □「置中左右對齊」指令。

24 設定完整份標籤的格式後，切換到「郵件」功能索引標籤，在「預覽結果」功能區中，執行「預覽結果」指令。

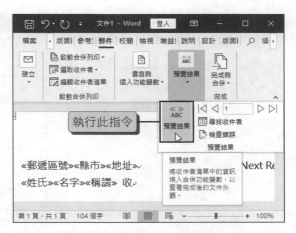

25 文件中顯示合併後的預覽結果，再次執行「預覽結果」指令。但是一次只列印一張標籤實在浪費，透過設定功能變數可以一次列印所有記錄的標籤。

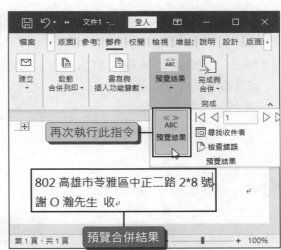

26 選取第一個儲存格的欄位名稱及文字，使用拖曳的方式，複製到右邊儲存格中，「«Next Record（下一筆紀錄）»」功能變數的下一行。

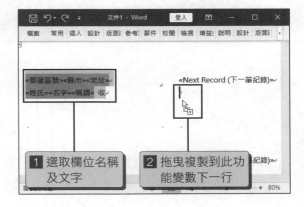

27 依照相同方式，複製第一個儲存格的欄位名稱到其他儲存格中，完成後在「完成」功能區中，按下「完成與合併」清單鈕，執行「編輯個別文件」指令。

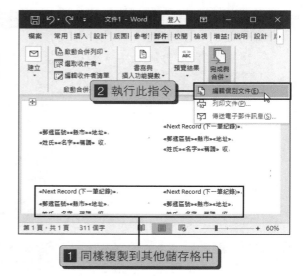

1 同樣複製到其他儲存格中

28 開啟「合併到印表機」對話方塊，選擇「全部」記錄，按「確定」鈕。

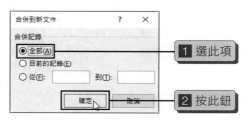

1 選此項

2 按此鈕

29 自動合併到名為「標籤 1」的新文件中，使用者可以放入標籤專用紙，執行「列印」功能即可。

合併到新文件

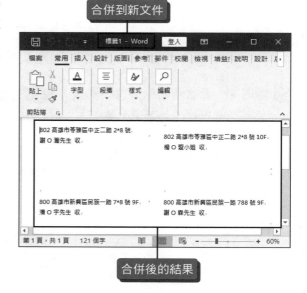

合併後的結果

範例檔案：Word 範例檔 \Ch18 VIP 邀請卡片

單元 18　VIP 邀請卡片

無論要寄發 VIP 邀請卡或是賀年卡，通常會先印製卡片，或是購買現成的卡片，很少會使用印表機一張一張的列印。如果想要體貼的將每一個顧客的姓名套印在卡片上，只好利用 Word 的合併列印功能。

範例步驟

1. 本單元主要介紹合併列印精靈的功能，除了整份顧客資料列印外，還可以進行特殊條件的篩選。假設現有的聖誕卡片規格如圖，先用直尺將可編輯範圍測量出來，再依照卡片的規格，將紙張大小、邊界等版面配置設定出來。

【卡片正反面】

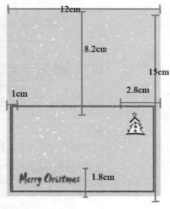

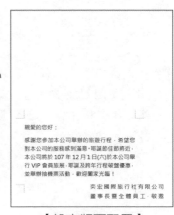

親愛的您好：

感謝您參加本公司舉辦的旅遊行程，希望您對本公司的服務感到滿意，耶誕節佳節將近，本公司將於 107 年 12 月 1 日(六)於本公司舉行 VIP 會員旅展，耶誕及跨年行程破盤優惠，並舉辦抽機票活動，歡迎闔家光臨！

奕宏國際旅行社有限公司
董事長暨全體員工·敬邀

【設定版面配置】

2 請先開啟「Word 範例檔 \Ch18 VIP
邀請卡片」資料夾中的「Ch18 VIP
邀請卡片 (1).docx」，本範例依據
步驟 1 的卡片規格將版面設定
完成，並在可編輯範圍中插入文
字方塊。切換到「郵件」功能索
引標籤，在「啟動合併列印」功
能區中，按下「啟動合併列印」
清單鈕，執行「逐步合併列印精
靈」指令。

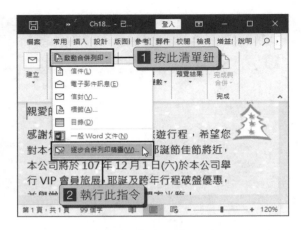

3 開啟「合併列印」工作窗格，
在「您目前使用哪種類型的文
件？」選項中，選擇「信件」
項目，按「下一步：開始文件」
鈕，跟著合併列印精靈的步驟進
行設定工作。

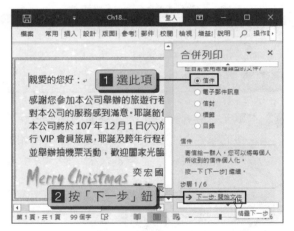

4 在「選取開始文件」選項中，選
擇「使用目前文件」，按「下一
步：選擇收件者」鈕，進行下一
步驟。

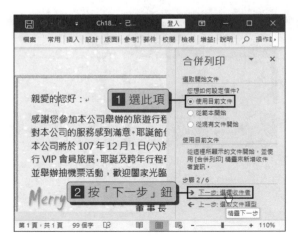

5 按「瀏覽」鈕選擇已經建立的顧客名單來源。

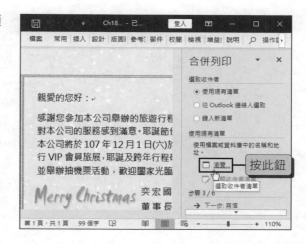

如果不使用逐步合併列印精靈時，合併列印所有的功能都在「郵件」功能索引標籤中，就像步驟 5 就是在「啟動合併列印」功能區中，「選取收件者」清單鈕下的「使用現有清單」指令。

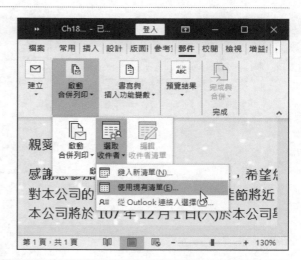

6 開啟「選取資料來源」對話方塊，選擇「Word 範例檔 \Ch18 VIP 邀請卡片」資料夾，選取「顧客名單 .docx」文件檔，按下「開啟」鈕。

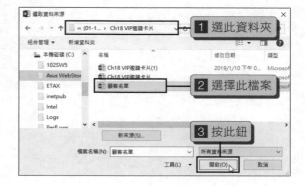

7 開啟「合併列印收件者」對話方塊，在「調整收件者清單」位置，按下「篩選」鈕。

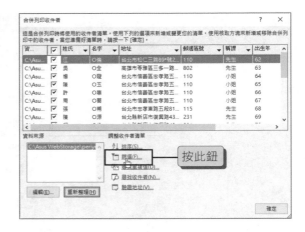

8 另外開啟「查詢選項」對話方塊，在「資料篩選」索引標籤中，設定篩選條件為欄位：「稱謂」、邏輯比對：「等於」、比對值：「小姐」，也就是只要找尋女性顧客的資料，設定完成按下「確定」鈕。

9 回到「合併列印收件者」對話方塊，資料清單中都是女性資料，確認資料無誤後，按下「確定」鈕。

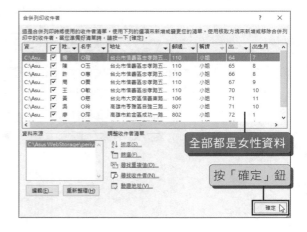

10 回到編輯視窗，在「目前您的收件者是選取自」會顯示資料來源，使用者可以在此重新選擇資料來源，或是針對目前來源進行編輯篩選的工作。按「下一步：寫信」鈕，繼續下一個步驟。

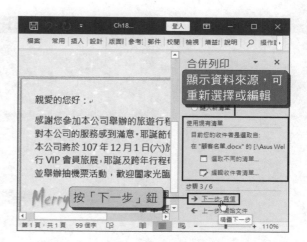

11 接著要在文件中插入欲合併的資料欄位。將編輯插入點移到文字內容「親愛的」後方，按下「其他項目」鈕。

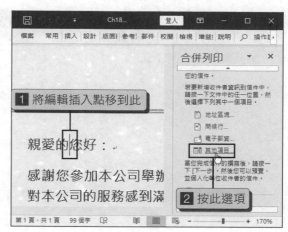

12 開啟「插入合併功能變數」對話方塊，選擇插入「資料庫欄位」，選擇插入「名字」欄位，按下「插入」鈕。

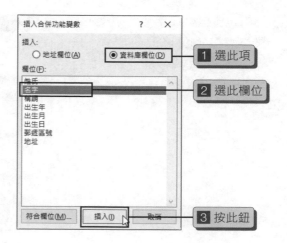

13 文件中插入「名字」合併欄位，按下「插入合併功能變數」對話方塊中的「關閉」鈕，結束插入資料欄位。

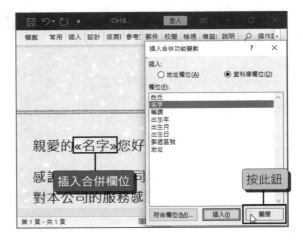

親愛的《名字》您好

插入合併欄位

按此鈕

14 繼續在「合併列印」工作窗格中，按「下一步：預覽信件」鈕，繼續下一個步驟。

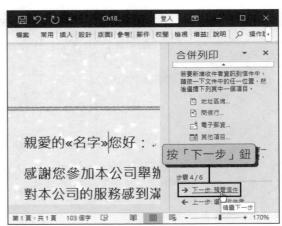

親愛的《名字》您好：

感謝您參加本公司舉辦
對本公司的服務感到滿

按「下一步」鈕

步驟 4 / 6

→ 下一步：預覽信件

15 編輯視窗自動顯示預覽結果。如果沒有其他要修改的地方，按「下一步：完成合併」鈕，進行最後一個步驟。

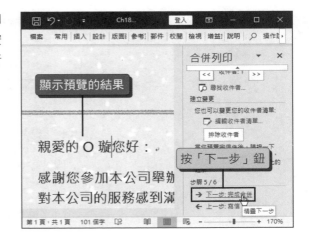

顯示預覽的結果

親愛的 O 璇您好：

感謝您參加本公司舉辦
對本公司的服務感到滿

按「下一步」鈕

步驟 5 / 6

→ 下一步：完成合併

16 由於要套印到既有卡片上，在尚未確定版面設定是否完全吻合前，不建議直接進行「列印」，請按下「編輯個別信件」鈕。

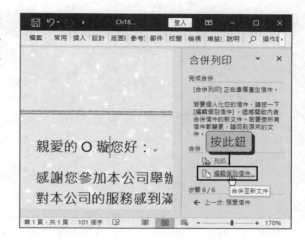

17 開啟「合併到新文件」對話方塊，選擇「目前的記錄」，按「確定」鈕。

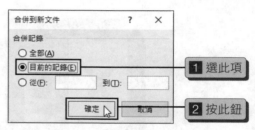

18 合併一筆資料到新文件中，建議先以白紙先列印一張，比對卡片編輯位置，確認版面都十分完美之後，再回到合併文件中，用卡片直接列印所有合併資料。

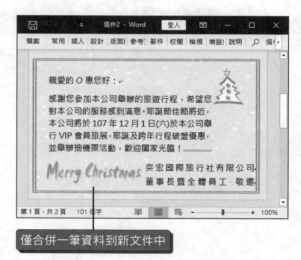

PART 2

Excel 財務試算

範例檔案：Excel 範例檔 \Ch19 訪客登記表

單元 19 訪客登記表

辦公室裡到處都是公司的營運機密，萬一不小心被有心人士潛入，隨便拿走一張 A4 大小的文件，都可能危及公司正常營運，所以進出辦公室人員的門禁管控是絕對有必要的。一般而言內部員工進出辦公室時，通常都有門禁卡或是員工識別證可供辨識，但是面對外來的廠商或訪客，一般的作業流程都是請訪客填寫基本資料後，給予一張訪客識別證，才能進出辦公室。

範例步驟

1 啟動 Excel 會開啟類似檔案的功能視窗，提供開新檔案、開啟舊檔、使用範本檔等服務。執行「空白活頁簿」指令，開始建立新的 Excel 活頁簿檔案。

執行此指令

這裡會顯示最近使用過的檔案

2 將滑鼠游標移到 A1 儲存格位置，按一下滑鼠左鍵，選取 A1 儲存格成為作用儲存格。

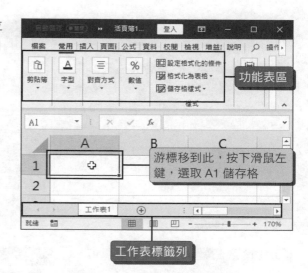

游標移到此，按下滑鼠左鍵，選取 A1 儲存格

功能表區

工作表標籤列

3 在 A1 作用儲存格中輸入表頭名稱「訪客登記表」，按下「資料編輯列」上的 ✓「輸入」鈕，完成輸入內容的工作。（ 也可以按鍵盤【Enter】鍵或是選取其他儲存格 ）

2 按此鈕完成輸入

1 在選取 A1 儲存格輸入文字

TIPS

輸入完成後，按下資料編輯列上的 ✓「輸入」鈕，作用儲存格會留在原選取的儲存格；但是按鍵盤【Enter】鍵，作用儲存格會向下移動。

4 分別在 A2 到 F2 儲存格中輸入「日期」、「訪客姓名」、「到訪原因 / 單位」、「到訪時間」、「離開時間」以及「備註」。輸入文字時，如果已經超過儲存格寬度，沒關係！接下來的步驟會調整儲存格寬度或合併儲存格，都可以解決這個問題。

在 A2：F2 儲存格輸入標題文字

5 先在 A1 儲存格按住滑鼠左鍵，使用拖曳的方式，選取 A1：F1 儲存格範圍，放開滑鼠左鍵即完成選取相連的儲存格。切換到「常用」功能索引標籤，在「對齊方式」功能區中，執行「跨欄置中」指令，使 A1：F1 變成同一儲存格，並將文字水平置中對齊。

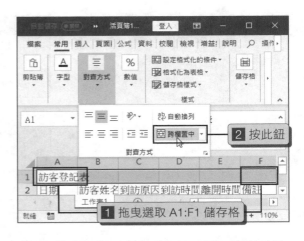

6 切換到「常用」功能索引標籤，在「字型」功能區中，按下「字型大小」清單鈕，選擇「20」。選擇字型大小時，儲存格內的文字大小能即時預覽，方便使用者確認。

7 繼續在「字型」功能區中，按下**B**「粗體」鈕，將表頭文字變成粗體。接著將游標移到工作表左上方「列」和「欄」的交叉處，當游標變成 ✛ 符號，按下滑鼠左鍵選取整張工作表。

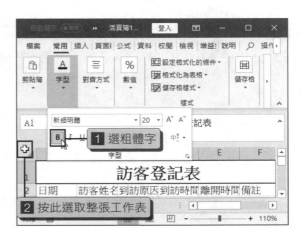

8　將游標移到任兩欄的連接處,當游標符號變成 ✛,快按滑鼠左鍵兩下,使儲存格自動調整成適合文字寬度。

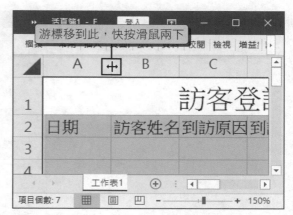

9　將游標移到任兩列的連接處,當游標符號變成 ✛,按住滑鼠左鍵拖曳調整列高到「30」,放開滑鼠即完成調整列高。

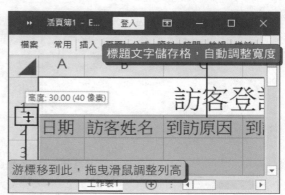

10　選取 F2 儲存格,切換到「常用」功能索引標籤,在「儲存格」功能區中,按下「格式」清單鈕,執行「欄寬」指令,藉以調整 F 欄(備註欄)寬度,適合輸入較多的文字。

11　開啟「欄寬」對話方塊,輸入欄位寬度「20」後,按「確定」鈕。

12 選取 A2:F2 儲存格，在「對齊方式」功能區中，按下 ☰「置中」鈕，將標題文字水平置中。

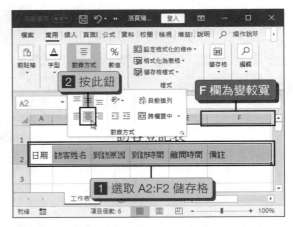

13 最後選取 A2:F2 儲存格，在「字型」功能區中，按下 ⊞▾「框線」清單鈕，選擇「所有框線」樣式。

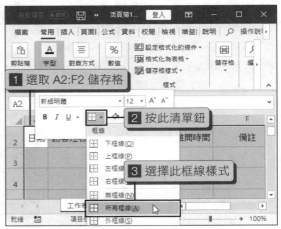

14 訪客登記表終於製作完成，接著只要將檔案儲存起來，這樣就不用一直重複製作表格。在「快速存取工具列」上，按下 🖫「儲存檔案」鈕。

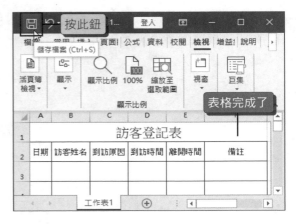

15 出現「檔案」功能視窗，Excel 會
自動執行「另存新檔」的指令，
選擇儲存於「這台電腦」的「文
件」資料夾中，輸入檔案名稱
「訪客登記表」，按下「儲存」鈕
就完成儲存工作。

16 當下次啟動 Excel 程式時，就會
在「最近」常用的文件中看到已
儲存的檔案。

範例檔案：Excel 範例檔 \Ch20 郵票使用統計表

單元 20 郵票使用統計表

		郵票使用統計表								

郵票相當於有價票券，購入、使用及剩餘數量都要有記錄可供查詢核對，大部份的公司都會事先購買一些常用面額的郵票備用，才不至於為了一封 8 元的平信，還要大老遠的跑到郵局去購買郵票寄出。有一些公司還會擺個小磅秤，先將要寄出的信件秤重貼足郵資，以免讓收件人補貼郵資，避免失禮。

範例步驟

1　請先開啟「Excel 範例檔」資料夾中的「Ch20 郵票使用統計表 (1). xlsx」，接著利用「儲存格格式」功能，來替單調的表格加上一些色彩。

先選取 A1 儲存格，切換到「常用」功能索引標籤，在「字型」功能區中，按下右下方的 展開鈕，開啟「設定儲存格格式」對話方塊。

2 按此鈕

1 選取 A1 儲存格

2 開啟「設定儲存格格式」對話方塊，自動切換到「字型」索引標籤，字型選擇「微軟正黑體」、字型樣式選擇「粗體」、大小選擇「20」、色彩選擇「金色」，然後按下「確定」鈕。

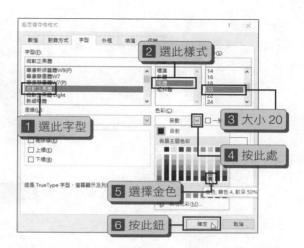

3 選擇 A2：L3 儲存格，再次按「字型」功能區右下方的展開鈕，開啟「設定儲存格格式」對話方塊。

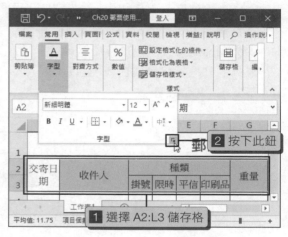

4 再次開啟「設定儲存格格式」對話方塊，自動切換到「字型」索引標籤，重新選擇字型為「微軟正黑體」、色彩選擇「白色」，別急著按「確定」鈕。

5 切換到「填滿」索引標籤，選擇
儲存格填滿「黑色」，先不要按
「確定」鈕。

6 切換到「外框」索引標籤，先選
擇框線色彩為「白色」，然後按
「外框」鈕，讓選取儲存格範圍
最外的外框線條變成白色，還是
不要按「確定」鈕。

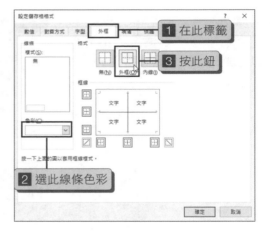

7 接著再按「內線」鈕，讓選取儲
存格範圍的內框線頁變成白色，
終於可以按下「確定」鈕，這樣
標題列就會變成明顯的黑底白字
樣式。

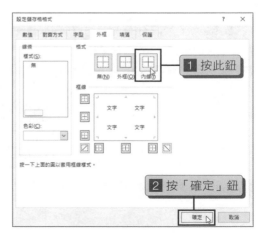

8 Excel 雖然有自動換列的功能，但是有時候斷句的位置並不是想要的文字，這時就要使用強迫換行。選取 H2 儲存格，將游標移到資料編輯列「應貼」「郵資」中間，按一下滑鼠左鍵，使編輯插入點停在此處。

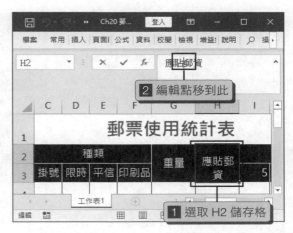

9 按下鍵盤上的【Alt】+【Enter】鍵，「郵資」就移到下一行。按下「輸入」鈕完成強迫換行，表格標題美化的工作就暫時告一段落。

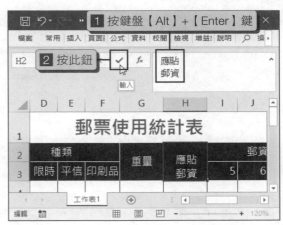

10 請開啟「Excel 範例檔」資料夾中的「Ch20 郵票使用統計表 (2).xlsx」，本範例已經預先輸入一些郵票使用的資料，方便介紹郵票的統計數量。將游標移到欄 A 上方，當游標變成 ↓ 時，按一下滑鼠左鍵，選取整欄 A。

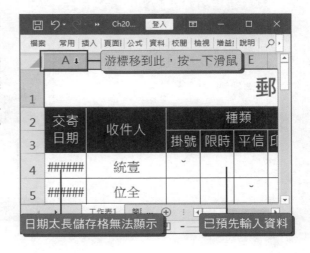

11 切換到「常用」功能索引標籤，在「數值」功能區中，按下右下方的 ⌐ 展開鈕，開啟「設定儲存格格式」對話方塊。

12 開啟「設定儲存格格式」對話方塊，自動切換到「數值」索引標籤中，類別選擇「日期」、類型選擇「3/14」簡易的顯示類型，按下「確定」鈕。

13 日期格式設定完之後，開始要計算已使用的郵票張數。選取 I17 儲存格，切換到「常用」功能索引標籤，在「編輯」功能區中，按下 ∑ 自動加總 ▾「自動加總」旁的清單鈕，執行「加總」指令。

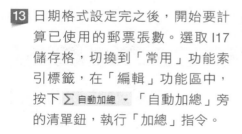

14 Excel 會自動選取加總的範圍，如果這不是使用者希望加總的範圍，可以直接重新選取。將游標移到 I4，按住滑鼠左鍵拖曳選取 I4：I15 儲存格。

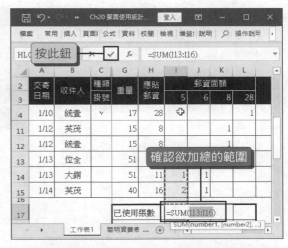

15 選取 I4：I15 儲存格範圍後，按下「輸入」鈕完成公式。

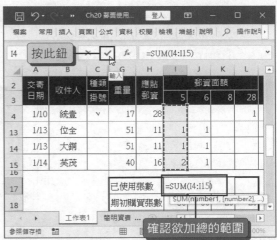

16 I17 儲存格計算出 5 元的郵票使用張數，接著將公式複製到 J17:L17 儲存格。

將游標移到 I17 儲存格右下方的 「填滿控點」，當游標符號變成 ＋ 時，按住滑鼠向右拖曳，將公式複製到 J17:L17 儲存格。

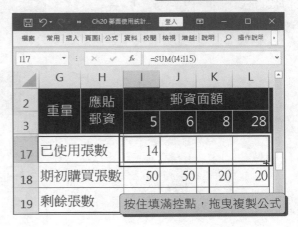

17 J17:L17 儲存格也分別計算出已
使用的郵票張數。
接著選取 I19 存格，先輸入「=」
後，再選取 I18 儲存格。

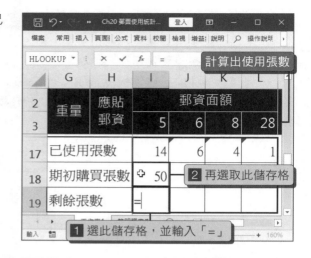

18 接著再輸入「-」號，再選取 I17
儲存格，使 I19 儲存格的公式為
「=I18-I17」，最後按下資料編輯
列上的 ✔「輸入」鈕，則會計算
剩餘的 5 元的郵票張數。

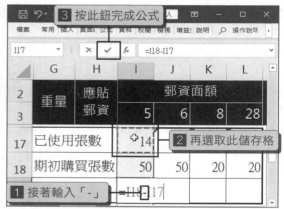

19 最後再將 I19 儲存格的公式複製
到 J19:L19，就完成郵票使用統
計表。

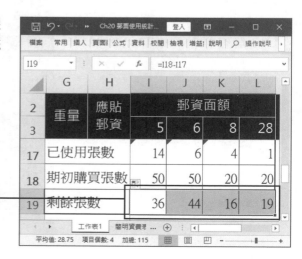

範例檔案：Excel 範例檔 \Ch21 零用金管理系統

單元 21　零用金管理系統

零用金帳為會計日計帳的一部分，主要在記錄零星的小額花費，實質上比較像一般個人的收支流水帳。零用金管理的重點在於詳實記錄費用支出，當然也需要注意是否收支平衡，如果能將費用依部門別歸類，還可以作為各部門成本控管的重要指標。

範例步驟

1 請開啟「Excel 範例檔」資料夾中的「Ch21 零用金管理系統 (1).xlsx」，先切換到「準則」工作表，定義後續將要使用的範圍名稱。選取 A1:D12 儲存格範圍，切換到「公式」功能索引標籤，在「已定義之名稱」功能區中，執行「從選取範圍建立」指令。

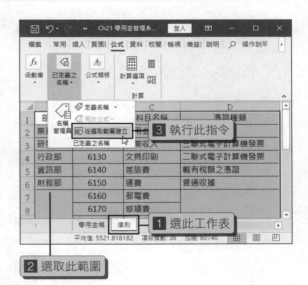

2 開啟「以選取範圍建立名稱」對話方塊，僅勾選「頂端列」，其餘的皆取消勾選，按下「確定」鈕。

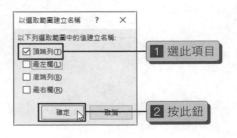

3 要怎麼知道已經定義好範圍名稱了？先在「公式」功能索引標籤的「已定義之名稱」功能區中，執行「名稱管理員」指令。

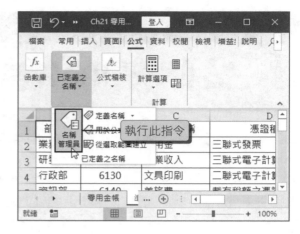

4 開啟「名稱管理員」對話方塊，顯示剛剛建立的範圍名稱。選擇「部門別」名稱，按下「編輯」鈕，修改部門別的參照範圍。

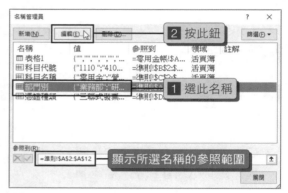

5 另外又開啟「編輯名稱」對話方塊，將參照範圍由「=準則!$A$2:$A$12」修改成「=準則!$A$2:$A$6」，按下「確定」鈕。

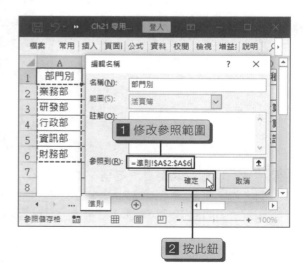

6 回到「名稱管理員」對話方塊，接著選擇「憑證種類」名稱，直接將插入點移到下方「參照到」的位置，修改參照範圍由「12」修改成「6」，使參照位置變成「= 準則 !$D$2:$D$6」，修改完成後按下☑鈕，然後按下「關閉」鈕回到工作表。

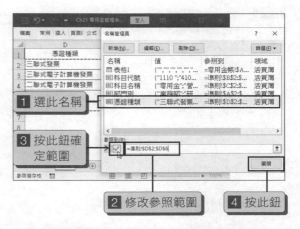

7 最後再定義一個範圍名稱，選取 B2:C12 儲存格，繼續在「已定義之名稱」功能區中，按下「定義名稱」清單鈕，執行「定義名稱」指令。

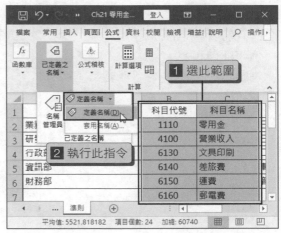

8 開啟「新名稱」對話方塊，在名稱處輸入「零用金科目」，確認參照範圍無誤後，按下「確定」鈕。

TIPS

按下「新名稱」對話方塊中的範圍清單
鈕,可以發現除了預設的活頁簿外,還
有此活頁簿中的所有工作表名稱,這裡
是設定該名稱可以使用工作表範圍,如
果指定特定工作表,在特定工作表以外
的工作表都不能使用。

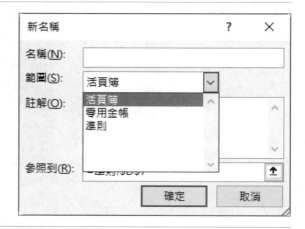

9 切換到「零用金帳」工作表,選
取 E4 儲存格,切換到「公式」
功能索引標籤,在「函數庫」功
能區中,按下「查閱及參照」清
單鈕,執行插入「VLOOKUP」
函數。

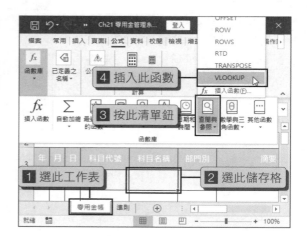

10 將游標插入點移到 Lookup_value
空白處,選取 D4 儲存格,由於
本工作表使用 Excel「格式化為表
格」功能製作而成,在公式中選
取儲存格時,會以該欄的標題顯
示而非儲存格位置,這樣方便讀
者了解公式。
接著將游標插入點移到 table_array
空白處,在「已定義之名稱」功
能區中,按下「用於公式」清單
鈕,執行「零用金科目」指令。

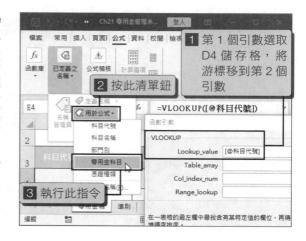

11 分別在最後 2 個引數中輸入「2」和「0」，按下「確定」鈕，完整公式為「=VLOOKUP([@ 科目代號], 會計科目 ,2,0)」。

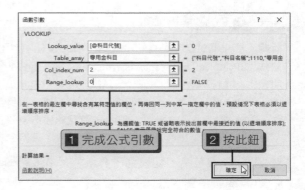

操作 MEMO　VLOOKUP 函數

說明：根據查閱值，從特定的儲存格範圍中，找到與條件符合的值，並傳回指定欄位的對應值。

語法：VLOOKUP(lookup_value, table_array, col_index_num, range_lookup)

引數：・ Lookup_value（必要）。想要查閱的值。
　　　　・ Table_array（必要）。想要查閱值的範圍。
　　　　・ Col_index_num（必要）。範圍中包含傳回值的欄號。
　　　　・ Range_lookup（選用）。符合的程度以 0/FALSE（完全相符）或 1/TRUE（大致相符）。

12 因為參照不到科目代碼而顯示錯誤值。避免未輸入科目代碼而顯示錯誤訊息，將 E4 儲存格參照公式加上 IF 函數判斷。修改 E4 儲存格公式為「=IF([@ 科目代號]="","",VLOOKUP([@ 科目代號], 零用金科目 ,2,0))」。("" 表示空格未輸入數值）

操作 MEMO IF 函數

說明： 如果測試條件是真的，就執行 True 這個項目；如果不是，就執行其他 False 項目。

語法： IF(logical_test, value_is_true, value_is_false)

引數： ・ Logical_test（必要）。測試條件可以是數值或公式。

・ Value_is_true（必要）。若測試正確所要傳回的值。

・ Value_is_false（必要）。若測試錯誤所要傳回的值。

---

13 選取 F4 儲存格，切換到「資料」功能索引標籤，在「資料工具」功能區中，按下「資料驗證」清單鈕，執行「資料驗證」指令。

14 開啟「資料驗證」對話方塊，在選擇儲存格內允許「清單」項目，然後將游標插入點移到來源處，切換到「公式」功能索引標籤，在「已定義之名稱」功能區中，按下「用於公式」清單鈕，執行「部門別」指令，按下「確定」鈕。

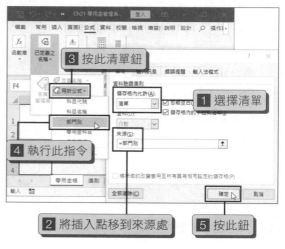

15 部門別出現下拉式清單及選項。
依相同方法完成 H4 儲存格的憑
證種類下拉式清單。

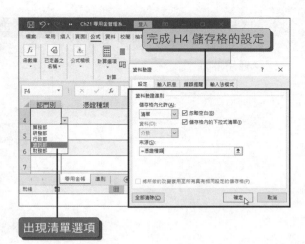

完成 H4 儲存格的設定

出現清單選項

16 接著在 K4 儲存格輸入公式「=IF
([@ 支出金額]="","",IF([@ 憑證種
類]=" 普通收據 ",[@ 支出金額],
ROUND([@ 支出金額]/1.05, 0)))」。

2 輸入公式

=IF([@支出金額]="","",IF([@憑證種類]="普通收據",[@支出金額],ROUND([@支出金額]/1.05,0)))

1 選此儲存格

公式說明

第 1 層 IF 函數用來判斷支出金額是否有輸入，如果沒有輸入（空白），就顯示空白；如果有
輸入，就進入第 2 層 IF 函數。
第 2 層 IF 函數判斷憑證種類是否為不含營業稅的普通收據，如果是普通收據，就直接顯示支
出的金額；如果為其他含有營業稅的憑證，就計算出不含稅額的費用。
ROUND 函數是用來計算四捨五入後不含稅額的費用。

17 選取 L4 儲存格輸入公式「=IF([@ 支出金額]="","",[@ 支出金額]-[@ 費用])」。

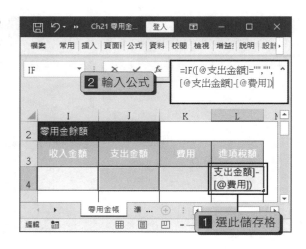

公式說明

IF 函數用來判斷支出金額是否有輸入,如果沒有輸入(空白),就顯示空白;如果有輸入就計算進項稅額,也就是「支出金額 - 費用」。

18 隨意輸入數值測試公式正確無誤。

19 最後要顯示零用金餘額,請開啟「Excel 範例檔」資料夾中的「Ch21 零用金管理系統 (2).xlsx」,切換到「零用金帳」工作表,範例中已經預先輸入一些資料,供使用者練習。選取 J2 儲存格,切換到「公式」功能索引標籤,在「函數庫」功能區中,按下「自動加總」清單鈕,執行「加總」指令。

20 先選取加總範圍為 I4:I23，此時加總範圍會變成「表格 1[收入金額]」，然後將插入點移到「=SUM(表格 1[收入金額])」後方，輸入「-」號，繼續在「函數庫」功能區中，按下 T21-01「數學與三角函數」清單鈕，執行插入「SUM」函數。

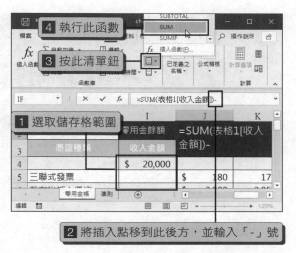

21 開啟 SUM「函數引數」對話方塊，在範圍 1 中選取加總範圍為 J4:J23，也就是「表格 1[支出金額]」，按下「確定」鈕。

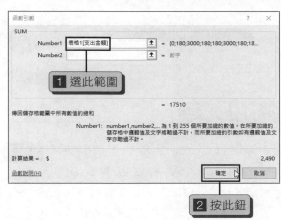

22 零用金餘額的完整公式為「=SUM(表格 1[收入金額])-SUM(表格 1[支出金額])」。

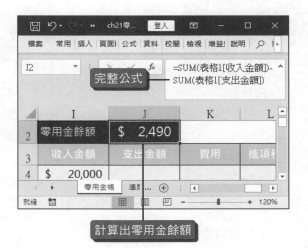

單元 **22** 零用金撥補表

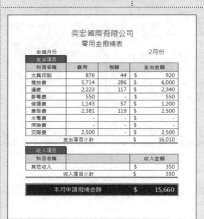

零用金的撥補除了在特殊狀況時，一般來說都是每個月結算一次，月底匯集整個月的支出，請款將零用金補足到當初設置的金額。請款時，連帶將收到的發票一併交付，作為營業稅的進項稅額憑證，因此習慣上也會列印出零用金日記帳作為明細。

範例步驟

1 請開啟「Excel 範例檔」資料夾中的「Ch22 零用金撥補表 (1).xlsx」，切換到「零用金撥補表」工作表，由於零用金撥補表也算是一份正式表格，所以申請月份的部分，就不能只顯示單一數字。選取 B3 儲存格，按滑鼠右鍵開啟快顯功能表，執行「儲存格格式」指令。

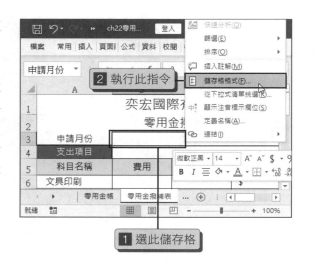

2 開啟「設定儲存格格式」對話方塊，在「數值」標籤中，選擇「自訂」類別，類型處於通用格式後方加上文字「"月份"」，按下「確定」鈕。

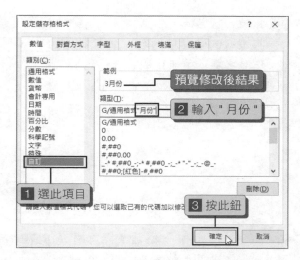

3 切換到「準則」工作表，選取 I2 儲存格，切換到「公式」功能索引標籤，在「已定義之名稱」功能區中，按下「用於公式」清單鈕，執行「申請月份」指令。（本範例已將大部份的範圍名稱定義完成，詳細名稱範圍，請參考名稱管理員）

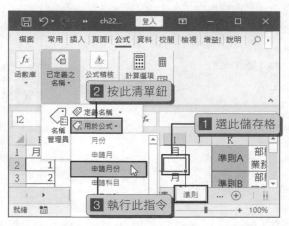

4 選取 G1 儲存格，繼續在「已定義之名稱」功能區中，按下「定義名稱」清單鈕，執行「定義名稱」指令。

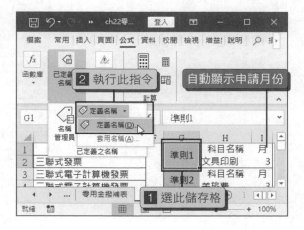

5 開啟「新名稱」對話方塊，自動
將選取的儲存格內容「準則 1」
作為名稱，重新選取「參照到」
儲存格範圍 H1:I2，之後按下「確
定」鈕。

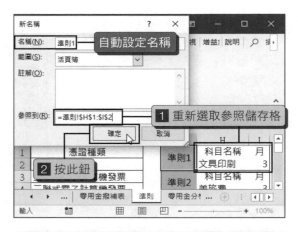

6 切換到「零用金撥補表」工作
表，選取 B6 儲存格，切換到
「公式」功能索引標籤，在「函
數庫」功能區中，按下「插入函
數」鈕。

7 開啟「插入函數」對話方塊，選
擇「資料庫」類別中的「DSUM」
函數，按「確定」鈕。

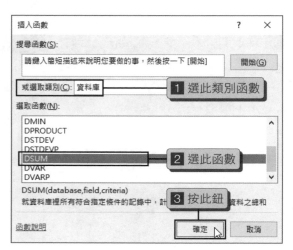

8 開啟 DSUM「函數引數」對話方塊，將游標插入點移到第 1 個引數，在「已定義之名稱」功能區中，按下「用於公式」清單鈕，執行「零用金帳」指令。

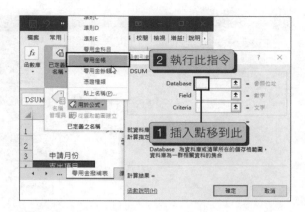

9 繼續完成 DSUM 函數引數，field 處輸入「" 費用 "」，criteria 處再次按下「用於公式」清單鈕，執行「準則 1」指令。完整公式為「=DSUM(零用金帳 ," 費用 ", 準則 1)」。

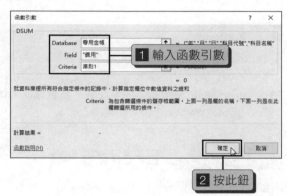

操作 MEMO　DSUM 函數

說明：將清單或資料庫的記錄欄位（欄）中，符合指定條件的數字予以加總。

語法： DSUM(database, field, criteria)

引數： ・ Database（必要）。指的是組成清單或資料庫的儲存格範圍，第一列必須是標題列。
　　　　 ・ Field（必要）。指出所要加總的欄位名稱，可以使用雙引號括住的欄標題，如 " 費用 " 或 " 收入 "，或是代表欄在清單中所在位置號碼，如 1 代表第一欄。
　　　　 ・ Criteria（必要）。這是含有指定條件的儲存格範圍。

10 為了避免遇到 DSUM 函數計算出的結果是錯誤訊息，可以再加上 IF 判斷式以及檢測錯誤訊息的函數。

將公式修改成「=IF(ISERROR(DSUM(零用金帳," 費用 ", 準則 1)),0,(DSUM(零用金帳," 費用 ", 準則 1)))」。

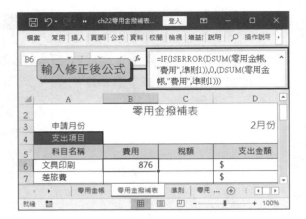

公式說明

ISERROR 函數用來檢查 DSUM 函數計算出來的值是否為錯誤訊息，如果是錯誤訊息就會傳回 TRUE 值，所以當 IF 函數判斷為 TRUE 值時，則顯示「0」；如果 ISERROR 函數檢查 DSUM 函數的計算值不是錯誤訊息，就會傳回 FALSE 值，所以當 IF 函數判斷為 FALSE 值時，則顯示 DSUM 函數的計算值。

操作 MEMO　ISERROR 函數

說明： 檢查指定函數的值，並根據結果傳回 TRUE 或 FALSE。

語法： ISERROR(value)

引數： · Value（必要）。就是要檢查的值。Value 指的是任何一種錯誤值（#N/A、#VALUE!、#REF!、#DIV/0!、#NUM!、#NAME? 或 #NULL!）。

11 將 B6 儲存格公式複製到下方儲存格 B7:B14，並依照科目名稱做適當的修改。

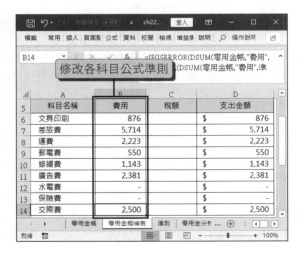

科目名稱	公式					
文具印刷	=IF(ISERROR(DSUM(零用金帳 ," 費用 ", 準則 1)),0,(DSUM(零用金帳 ," 費用 ", 準則 1)))					
差 旅 費	準則 2	運費	準則 3	郵電費	準則 4	修繕費	準則 5
廣 告 費	準則 6	水電費	準則 7	保險費	準則 8	交際費	準則 9

12 將已經修改完成的 B6:B14 儲存
格公式，複製到 C6:C14 儲存格。

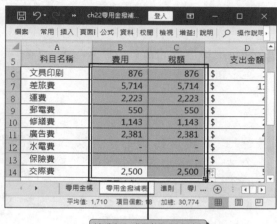

複製公式到進項稅額

13 進項稅額公式不用逐一將「費
用」修改成「進項稅額」，只要善
用「取代」功能即可快速完成。
選取 C6:C14 儲存格，切換到「常
用」功能索引標籤，在「編輯」
功能區中，按下「尋找與選取」
清單鈕，執行「取代」指令。

TIPS

若不選取想要尋找取代的儲存格範
圍，Excel 會尋找整張工作表，再進行
取代的工作，這樣就會將原本正確的
公式取代成錯誤的公式，使用時要特
別小心！

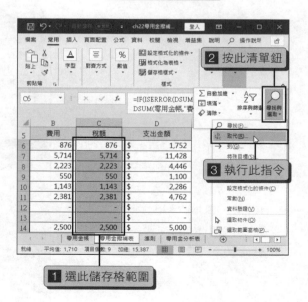

1 選此儲存格範圍

14 開啟「尋找及取代」對話方塊，在尋找目標輸入「"費用"」，在取代成輸入「"進項稅額"」，按下「全部取代」鈕。

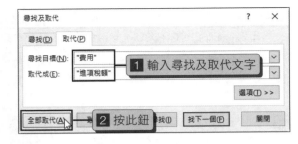

15 顯示已經取代的數量，按下「確定」鈕。

16 選取 C6 儲存格查看，稅額的公式已經修改成「=IF(ISERROR(DSUM(零用金帳,"進項稅額",準則1)),0,(DSUM(零用金帳,"進項稅額",準則1)))」。

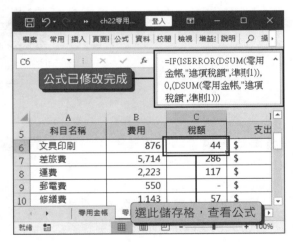

17 最後在 D19 儲存格輸入「其他收入」的公式「=IF(ISERROR(DSUM(零用金帳,"收入金額",準則10)),0,(DSUM(零用金帳,"收入金額",準則10)))」，就完成零用金撥補表公式的部分。

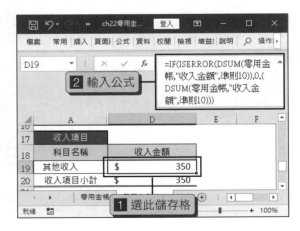

18 如何使用零用金撥補表？當月零用金帳上餘額已經不足安全餘額時，只要在申請月份處輸入月份，報表就會自動加總完成。

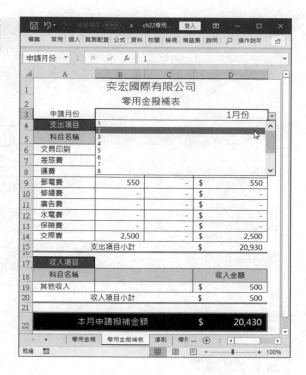

零用金撥補表是使用會計科目作為統計的依據，同樣的零用金帳，若是以部門別作為準則，就可以分析各部門使用零用金的狀況，有興趣者可以參考本範例的「零用金分析表」工作表。

範例檔案：Excel 範例檔 \Ch23 人事資料庫

單元 23 人事資料庫

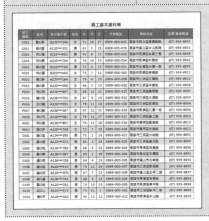

員工資料填寫完畢後，處理人事資料的人員就要將員工的基本資料建檔，由於員工資料表內容繁多，建議利用 Excel 有多個工作表的特性，將不同類別的資料，分成多個工作表建檔，以方便管理。人事資料檔可以應用的範圍很廣，可以用來搜尋當月壽星、製作通訊錄、計算年資，甚至薪資計算都相關，因此十分重要。

範例步驟

1 請開啟「Excel 範例檔」資料夾中的「Ch23 人事資料庫 (1).xlsx」，首先使用函數由身分證字號來判定性別。選取 D3 儲存格，輸入公式「=IF(RIGHT (LEFT(C3,2),1)="1"," 男 "," 女 ")」。

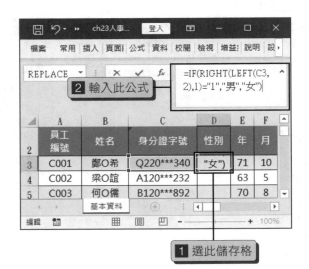

公式說明

函數 LEFT(C3,2) 會傳回來身分證字號從左邊數來前 2 個字元，也就是「Q2」；函數 RIGHT(LEFT(C3,2),1)，也就是 RIGHT("Q2",1) 會傳回來「Q2」的最後 1 個字元也就是「"2"」，最後再由 IF 函數判斷，如果是「"1"」就是男性，如果不是就是女性。這裡是假設身分證字號輸入正確的情況下，性別只有 1 和 2 的區分，並未考慮其他因素。由於 LEFT 和 RIGHT 函數都是文字函數，傳回的數值也都是文字格式。

操作 MEMO　LEFT 函數

說明： 傳回文字字串中的第一個字元或前幾個字元。

語法： LEFT(text, [num_chars])

引數： ・Text（必要）。想要擷取的文字字串。

　　　　・Num_chars（選用）。指定想要擷取的字元數。必須大於或等於零。如果大於 text 的長度，會傳回所有文字。如果省略，則會假設其值為 1。

操作 MEMO　RIGHT 函數

說明： 傳回文字字串的最後字元或從右邊開始的幾個字元組。

語法： RIGHT(text,[num_chars])

引數： ・Text（必要）。想要擷取的文字字串。

　　　　・Num_chars（選用）。指定想要擷取的字元數。

2 選取 H3 儲存格，切換到「常用」功能索引標籤，按下「數值」功能區右下角的展開鈕，開啟「設定儲存格格式」對話方塊。

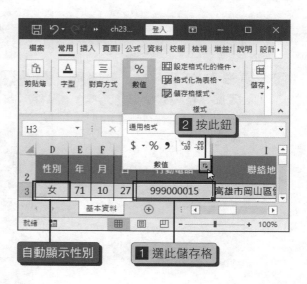

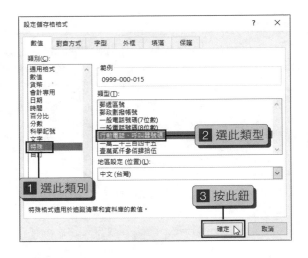
3 開啟「儲存格格式」對話方塊，在「數值」標籤中選擇「特殊」類別，並選擇「行動電話、呼叫器號碼」類型後，按「確定」鈕。如此前方的「0」值就可以正常顯示。

4 由於目前家用電話依區域有 6 碼、7 碼和 8 碼，而區碼也有 2 碼和 3 碼的差異，使用 Excel 預設的電話格式並不能全部適用。請選取 J3 儲存格，再次開啟「設定儲存格格式」對話方塊，自訂數值格式為「(0##)」，按「確定」鈕。

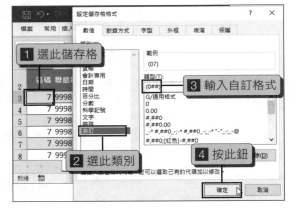

5 接著選取 K3 儲存格，並開啟「設定儲存格格式」對話方塊，自訂數值格式為「###-####」，按「確定」鈕。

TIPS

使用填滿控點複製儲存格，若只是要複製格式而不包含內容時，可以按住滑鼠「右」鍵拖曳填滿控點，當放開滑鼠時則會出現填滿選單，選擇「僅以格式填滿」即可。

6 上述步驟設定的結果，可以讓表格內容更完整而一致。

7 輸入員工資料除了可以在工作表上直接登打外，也可以利用表單輸入，所以要使用一項不在功能區的功能。請開啟「Excel 範例檔」資料夾中的「Ch23 人事資料庫 (2).xlsx」，切換到「檔案」功能視窗，按下「選項」鈕。

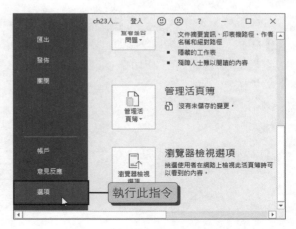

8 開啟「Excel 選項」對話方塊，選擇「自訂功能區」，選擇「常用」主要索引標籤，按下「新增群組」鈕。

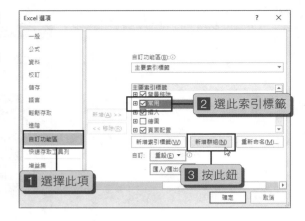

9 在常用索引標籤中出現「新增群組（自訂）」的功能區，按下「重新命名」鈕。

10 開啟「重新命名」對話方塊，輸入顯示名稱「自訂功能區」，按「確定」鈕。

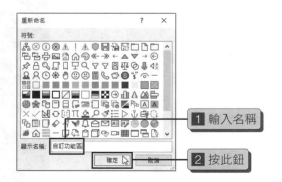

11 選擇「不在功能區的命令」中的「表單」命令，按下「新增」鈕。

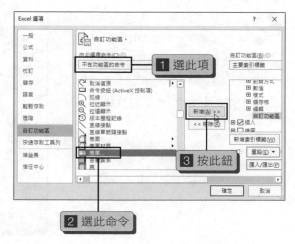

12 「表單」命令出現在剛剛新增的自訂功能區群組中，按下「確定」鈕回到工作表區。

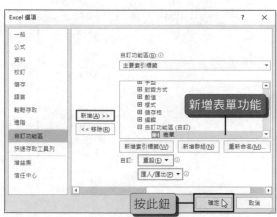

13 切換到「常用」功能索引標籤，功能區最後方出現「自訂功能區」，按下其中的「表單」鈕。

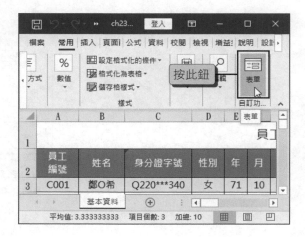

14 出現「基本資料」對話方塊，表
單中自動顯示工作表中第一筆資
料，表單狀態中顯示目前資料的
筆數及總筆數。按下「新增」
鈕，準備新增一筆新的資料。

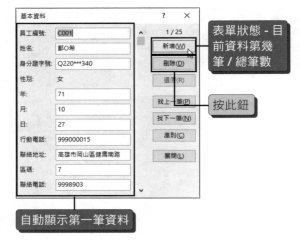

表單狀態 - 目
前資料第幾
筆 / 總筆數

按此鈕

自動顯示第一筆資料

15 在空白表單中輸入新員工的基本
資料，輸入完成直接按「關閉」
鈕即可。

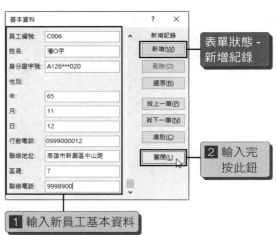

表單狀態 -
新增紀錄

2 輸入完
按此鈕

1 輸入新員工基本資料

16 表單新增的資料會出現在工作表
最下方。

	員工 編號	姓名	身分證字號	性別	年	月
22	S005	盧O傑	A126***708	男	64	4
23	S006	劉O廷	B120***610	男	75	11
24	S007	陳O佑	A126***470	男	67	7
25	S008	吳O睿	A126***763	男	68	4
26	S009	鄭O廷	A120***282	男	70	10
27	S010	莊O心	B120***373	男	75	11
28	C006	潘O宇	A126***020	男	65	11

工作表下方新增一筆資料

17 表單除了可以新增資料外,還有查詢功能。再次按下「自訂功能區」中的「表單」鈕,開啟「基本資料」對話方塊,按「準則」鈕。

執行此指令

18 在姓名處輸入「梁」,查詢姓名中有梁字的人員,按下「找下一筆」鈕。

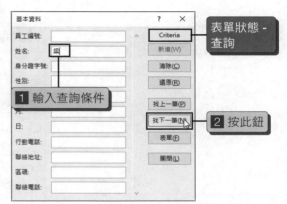

表單狀態 - 查詢

1 輸入查詢條件

2 按此鈕

19 出現一名梁姓員工的基本資料,如果查詢資料有 2 筆以上,可以按「找下一筆」鈕或「找上一筆」鈕查看其他資料。結束表單功能按「關閉」鈕即可。

表單狀態 - 目前資料第幾筆 / 總筆數

按此鈕

顯示查詢結果

20 由於本範例工作表是使用「格式化為表格」功能製作而成，原本就有篩選按鈕，可以用來篩選工作表資料。請選取 A2 儲存格（或表格內任一儲存格），切換到「表格工具\設計」功能索引標籤，在「表格樣式選項」功能區中，勾選「篩選按鈕」選項。

21 此時標題列就會出現 ▼ 篩選鈕，先來查詢看看林姓員工的基本資料，按下「姓名」篩選鈕，直接在搜尋處輸入「林」，按下「確定」鈕。

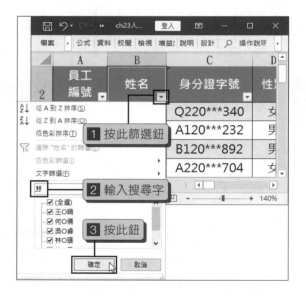

22 工作表中顯示所有林姓員工的基本資料，此時有設定條件的篩選鈕會變成 ▼ 符號。

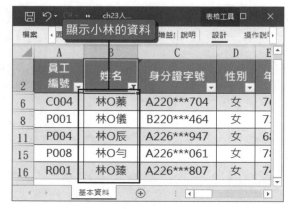

23 如果要查詢 11 及 12 月份的壽
星，就要先取消姓名的篩選，才
能重新查詢。按下「姓名」篩
選鈕，選擇「清除 " 姓名 " 的篩
選」指令，或是勾選「全選」
後，按下「確定」鈕。

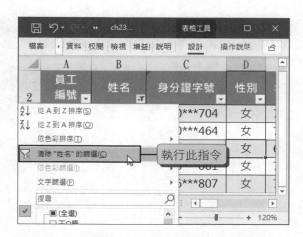

24 按下「月」的篩選鈕，先取消勾
選「全選」後，重新勾選「11」
及「12」，按下「確定」鈕。

25 顯示 8 筆 11、12 月份的壽星資
料。除了單一條件的篩選外，還
可以進行多條件的篩選，使用者
不妨試試看。

	A	B	C	D	E	F	G
2	員工編號	姓名	身分證字號	性別	年	月	日
11	P004	林O辰	A226***947	女	68	12	21
13	P006	王O晴	A226***031	女	78	11	10
14	P007	康O甄	A226***667	女	67	11	31
15	P008	林O勻	A226***061	女	78	11	27
16	R001	林O臻	A226***807	女	74	12	25
23	S006	劉O廷	B120***610	男	75	11	26
27	S010	莊O心	B120***373	男	75	11	2
28	C006	潘O宇	A126***020	男	65	11	12

顯示 11、12 月份的壽星資料

範例檔案：Excel 範例檔 \Ch24 員工特別休假表

單元 24 員工特別休假表

員工特別休假表

計算範至日期：民國一〇八年十二月三十一日

員工編號	部門	姓名	職稱	到職日期	年資	特休天數
C001	行政部	鄭O希	行政經理	93年7月10日	15	20
C002	行政部	桑O筠	主任	96年6月23日	12	17
C004	行政部	林O蓉	行政人員	100年6月23日	8	14
C005	行政部	阮O瑾	行政助理	103年4月9日	5	14
C006	行政部	陳O幸	行政助理	103年5月10日	5	14
I001	資訊部	黃O桓	資訊經理	94年10月10日	14	19
I002	資訊部	強O弦	資訊主任	99年12月10日	9	14
I003	資訊部	劉O瑞	資訊人員	101年5月24日	7	14
P001	研發部	林O儀	研發經理	92年11月9日	16	21
P002	研發部	賴O軒	研發主任	95年5月24日	13	18
P004	研發部	林O辰	研發組長	98年12月10日	10	15
P005	研發部	葉O涵	研發人員	99年3月12日	9	14
P006	研發部	王O晴	研發人員	100年9月9日	8	14
P007	研發部	康O甄	研發組長	100年10月10日	8	14
P008	研發部	林O旬	研發人員	102年9月9日	6	14
R001	財務部	林O瑾	會計主任	92年4月9日	16	21
R002	財務部	紬O芬	會計	104年3月12日	4	10
S001	業務部	陳O星	業務經理	93年7月24日	15	20
S002	業務部	吳O霖	業務主任	100年5月24日	8	14
S003	業務部	盧O倫	業務專員	100年12月10日	8	14
S004	業務部	陳O弦	業務專員	102年5月24日	6	14
S006	業務部	陳O廷	業務專員	106年4月23日	2	7
S007	業務部	莊O心	業務專員	106年5月10日	2	7
合計					8.95652	343

員工在公司浪費青春努力工作，除了賺取微薄的薪資外，最開心的無非是年終獎金和每年的特別休假，年終獎金還要看公司老闆的心情及業績，但是特別休假可是有勞基法明文規定，如果不讓員工休假，員工可是保有檢舉的權利。

範例步驟

1 請開啟「Excel 範例檔」資料夾中的「Ch24 員工特別休假表 (1). xlsx」，切換到「準則」工作表，依照規定將員工特別休假的規定列表，並利用「格式化表格」功能定義範圍名稱備用。先選取 A1:B21 儲存格範圍，切換到「常用」功能索引標籤，在「樣式」功能區中，按下「格式化為表格」清單鈕，選擇「亮綠色，表格樣式中等深淺 4」樣式。

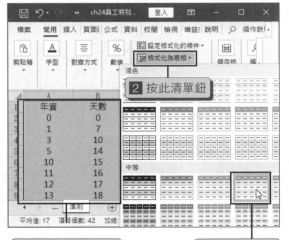

2 按此清單鈕

1 選此儲存格範圍

3 選擇此樣式

2 開啟「格式化為表格」對話方塊，並自動顯示選取儲存格範圍做為資料來源，確認勾選「有標題的表格」後，按下「確定」鈕。

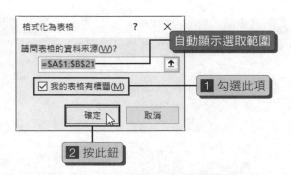

3 表格已經套用新格式。切換到「表格工具\設計」功能索引標籤，在「內容」功能區中，並將表格名稱改成「特休準則」，作為定義範圍名稱。

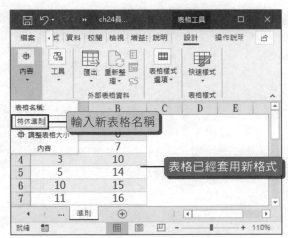

TIPS

真的只要輸入格式化表格的表格名稱就可以定義範圍名稱嗎？不信的話到「名稱管理員」去查一查，不過使用這個方法無法在名稱管理員這裡做任何的修改編輯，還是以表格實際範圍為主。

4 切換回「特別休假表」工作表，這裡要使用另一個 YEARFRAC 時間函數，搭配無條件捨去法的 INT 函數，計算員工的年資。選取 F4 儲存格，切換到「公式」功能索引標籤，在「函數庫」功能區中，按下「數學與三角函數」清單鈕，執行「INT」函數。

2 按此清單鈕

1 選此儲存格　　3 執行此指令

5 開啟 INT「函數引數」對話方塊，將游標插入點移到 INT 函數引數的位置，名稱方塊中會顯示最近使用過的函數清單，按下清單鈕選擇「其他函數」。

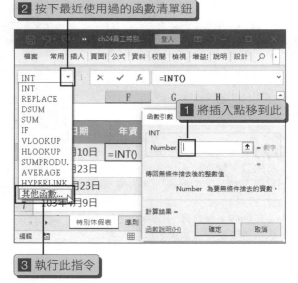

2 按下最近使用過的函數清單鈕

1 將插入點移到此

3 執行此指令

操作 MEMO　INT 函數

說明：將數字無條件捨位至最接近的整數。

語法：INT(number)

引數：・Number（必要）。要無條件捨位至整數的實數。

6 另外開啟「插入函數」對話方塊，在「日期與時間」類別中，選擇「YEARFRAC」函數，按下「確定」鈕。

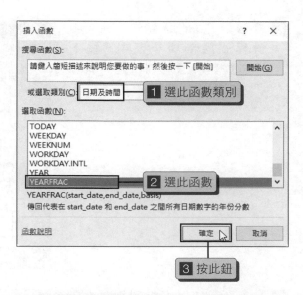

7 另外再開啟 YEARFRAC「函數引數」對話方塊，在 Start_date 引數中選取 E4 儲存格（[@ 到職日期]）；End_date 引數選取 C2 儲存格（截止日）及 Basis 輸入「1」，完成後按「確定」鈕。
F 儲存格完整公式為「=INT (YEARFRAC([@ 到職日期], 截止日 ,1))」。

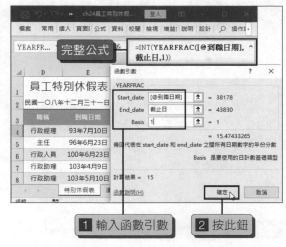

操作 MEMO　YEARFRAC 函數

說明：計算起訖日期之間的天數在一年中所佔的比例。

語法：YEARFRAC(start_date, end_date, [basis])

引數：・Start_date（必要）。代表開始日期的日期。
　　　・End_date（必要）。代表結束日期的日期。
　　　・Basis（選用）。日計數的基準。

8 接著選取 G4 儲存格,在「函數程式庫」功能區中,按下「查閱與參照」清單鈕,執行「VLOOKUP」函數。

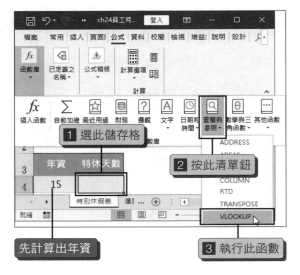

9 在 VLOOKUP「函數引數」對話方塊中,Lookup_value 引數選取 F4 儲存格(@ 年資);Table_array 引數中直接輸入資料表名稱「特休準則」;Col_index_num 引數輸入「2」;Range_lookup 引數輸入「1」,按下「確定」鈕。完整公式為「=VLOOKUP([@ 年資],特休準則 ,2,1)」。

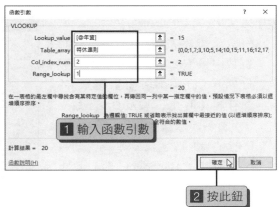

公式說明

特別注意 VLOOKUP 函數中的 Range_lookup 引數,平常在參照員工編號或是身分證字號時,會希望找到完全相符合的值,因此引數會設定為「0」(FALSE);這裡因為有範圍級距,希望找到最接近而不超過的值,因此引數會設定為「1」(TRUE),不過特休準則一定依遞增的順序排列,否則還是會出現參照錯誤。

10 主管想知道平均每個員工的年資是幾年，所有員工特別休假總共有幾天，作為人事管理的參考。這時候格式化為表格所製作的表格，提供使用者快速合計的功能。選取表格中任何儲存格，切換到「表格工具\設計」功能索引標籤，在「表格樣式選項」功能區中，勾選「合計列」，表格下方會立刻新增「合計」列。

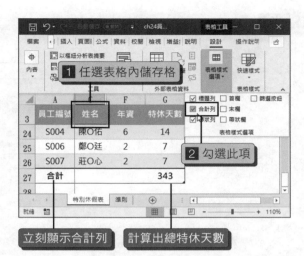

11 在合計列上，選取年資欄位 (F27) 的儲存格，則會出現下拉式清單鈕，選擇「平均值」選項。

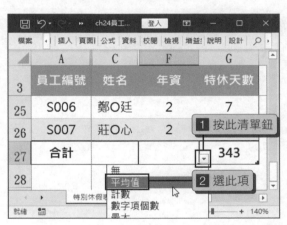

12 計算出平均年資，輕鬆完成統計資料。選取 A27:G27 儲存格，切換到「頁面配置」功能索引標籤，在「版面設定」功能區中，按下「列印範圍」清單鈕，執行「新增至列印範圍」指令，將合計列新增到列印範圍中。

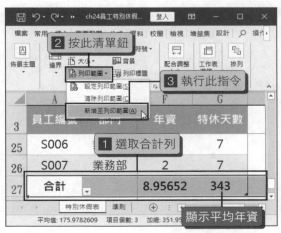

TIPS

本範例已經先設定了列印範圍，若是新
製作的表格則不需要特別新增列印範
圍。

範例檔案：Excel 範例檔 \Ch25 員工請假卡

單元 **25** 員工請假卡

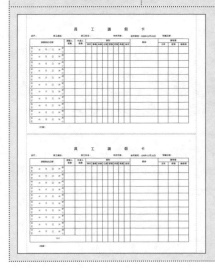

有些公司使用一次性的請假單，每次請假都有一張，一整年下來要保存也不是那麼容易。使用個人性的員工請假卡除了響應環保之外，每次的請假記錄都記載的一清二楚，整年的資料也可以提供主管作為年終考核的參考。有些員工非常有敬業精神，整年都不會請假，所以個別的員工請假卡，也不需要年初的時候就將全部的員工列印完成，可以等到當年度第一次請假的時候再列印即可。

範例步驟

1 常常在製作完表格之後，列印時才發現表格超過邊界，於是在預覽列印和版面設定之間來來回回修改好多次，其實可以使用「分頁預覽」的檢視模式。請開啟「Excel 範例檔」資料夾中的「Ch25 員工請假卡 (1).xlsx」，切換到「員工請假卡」工作表，切換到「檢視」功能索引標籤，在「活頁簿檢視」功能區中，執行「分頁預覽」指令。

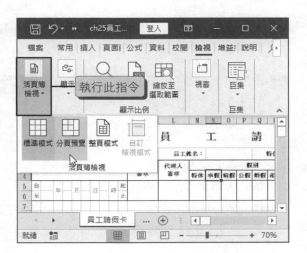

2 工作表以分頁模式呈現。切換到「頁面配置」功能索引標籤，在「版面設定」功能區中，按下「方向」清單鈕，執行「橫向」指令。

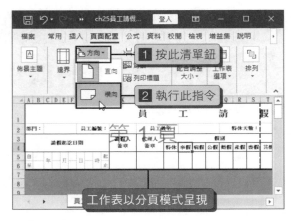

3 大部分的表格內容在同一頁，但是含有一欄在第二頁，試著調整邊界縮減成一頁寬。切換到「頁面配置」功能索引標籤，在「版面設定」功能區中，按下「邊界」清單鈕，執行「窄」指令。

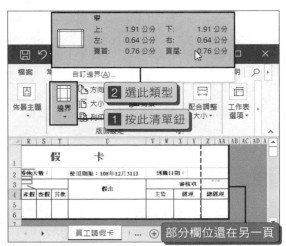

4 請假卡將被設計成正反2頁，背面（第2頁）也必須有表頭資訊，為了避免複製過多的表格而超過第3頁，因此先設定列印標題。在「頁面配置」功能索引標籤的「版面設定」功能區中，執行「列印標題」指令。

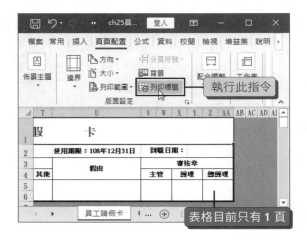

5 開啟「版面設定」對話方塊，自
動移到「工作表」索引標籤中，
按下標題列旁的「摺疊」鈕，準
備選取列印標題列的儲存格位置。

6 選取整列 1：4 作為列印標題，按
下「展開」鈕回到「版面設定」
對話方塊。

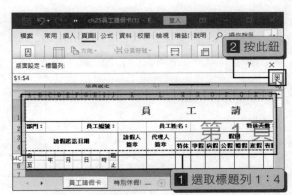

7 標題列顯示剛選取的儲存格範
圍。先不急著按「確定」鈕，準
備設定「頁首 / 頁尾」。

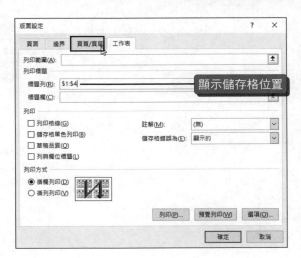

8 切換到「頁首 / 頁尾」索引標籤，先勾選「奇數頁與偶數頁不同」選項，然後按下「自訂頁尾」鈕。

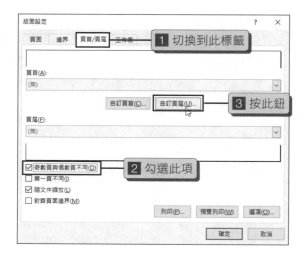

9 開啟「頁尾」對話方塊，自動切換到「奇數頁頁尾」索引標籤，將編輯插入點移到左方空白處，輸入文字「< 正面 >」，按下「格式化文字」鈕。

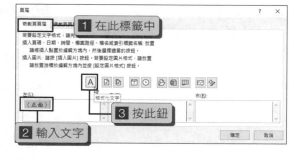

10 開啟「字型」對話方塊，設定頁尾字型「微軟正黑體」、「粗體」和大小「10」，按「確定」鈕。

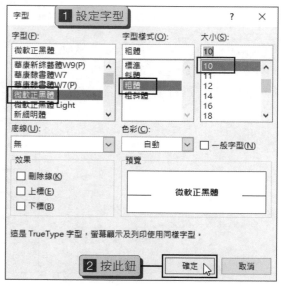

11 切換到「偶數頁頁尾」標籤,同樣在左方空白處,輸入文字「<反面>」,並依照上個步驟格式化文字,最後按下「確定」鈕。

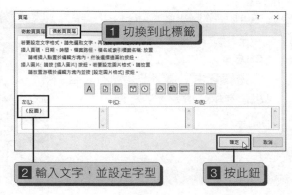

12 回到「版面設定」對話方塊,按下「確定」鈕。

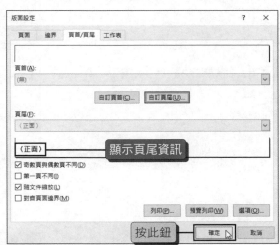

13 選取 A5:AA6 儲存格範圍,使用拖曳的方式,複製到下方儲存格,若超過第 2 頁範圍,再將多餘的儲存格刪除即可。

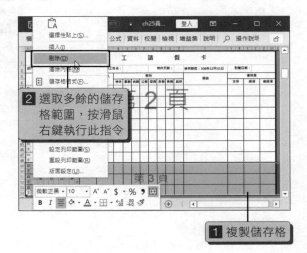

14 選取 A47:L48 儲存格，切換到「常用」功能索引標籤，在「對齊方式」功能區中，按下 「跨欄置中」清單鈕，執行「合併儲存格」指令。

15 出現訊息方塊，直接按下「確定」鈕。

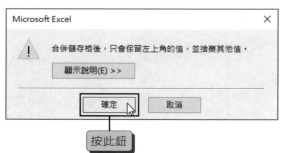

16 將已合併的儲存格內容刪除，重新輸入文字「合計」。

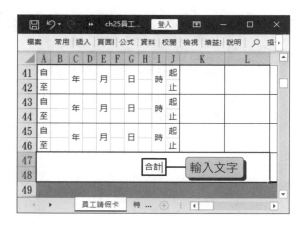

17 員工請假單格式及版面設定都已
經完成，接下來就要利用資料驗
證 和 VLOOKUP 函數，製作個
人的請假單。選取 K2 儲存格，
切換到「資料」功能索引標籤，
在「資料工具」功能區中，按下
「資料驗證」清單鈕，執行「資
料驗證」指令。

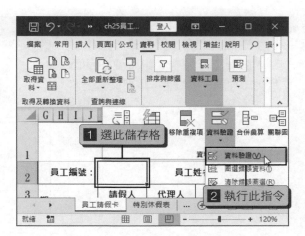

18 開啟「資料驗證」對話方塊，在
「設定」索引標籤中，允許「清
單」項目並選擇來源為「特別休
假表」工作表中的 A4:A26 儲存
格，來源處會顯示「= 特別休假
表 !$A$4:$A$26」。

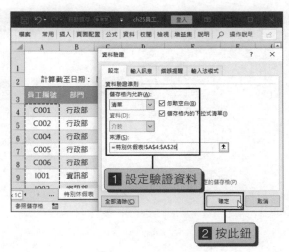

19 分別在部門、姓名、特休及到職日等欄位輸入 VLOOKUP 函數公式。

欄位名稱	位置	公式
部　　門	C2	=IF($K$2="","",VLOOKUP($K$2, 特別休假表 !$A$4:$G$26,2,0))
員工姓名	N2	=IF($K$2="","",VLOOKUP($K$2, 特別休假表 !$A$4:$G$26,3,0))
特休天數	T2	=IF($K$2="","",VLOOKUP($K$2, 特別休假表 !$A$4:$G$26,7,0))
到職日期	T2	=IF($K$2="","",VLOOKUP($K$2, 特別休假表 !$A$4:$G$26,5,0))

當選擇員工編號時，就會自動顯示對應的內容，即可逐一列印個人的員工請假卡。記得要正反面列印在同一張紙上，環保又方便。

依上表分別輸入公式，即會顯示對應內容

範例檔案：Excel 範例檔 \Ch26 出勤日報表

單元 26 出勤日報表

今天哪個員工沒上班？原因為何？哪個員工又遲到了？是哪個部門的？這些資料每天都要準備好給主管報告，每個月還要匯整給會計部門用來計算薪資，年底也要統計出來讓各部門主管打考績，因此建立一套完整的出勤系統非常重要。

範例步驟

1 首先依照請假卡的欄位，建立請假記錄的工作表，並增加遲到的欄位，請開啟「Excel 範例檔」資料夾中的「Ch26 出勤日報表 (1).xlsx」，切換到「請假記錄」工作表。利用範例檔這些請假的記錄資料，製作每天的出勤日報表，切換到「插入」功能索引標籤，在「表格」功能區中，執行「樞紐分析表」指令。

2 開啟「建立樞紐分析表」對話方塊，Excel 會自動幫使用者選取資料範圍，先確認資料範圍，再勾選樞紐分析表的位置為「新工作表」，然後按下「確定」鈕。

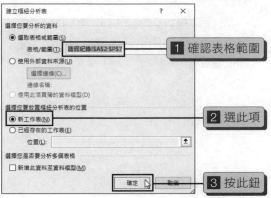

3 自動開啟「樞紐分析表欄位」
工作窗格，從欄位清單中選取
「年」，當滑鼠指標變成 符號，
按住滑鼠左鍵拖曳到「篩選」區
域，放開滑鼠即可。

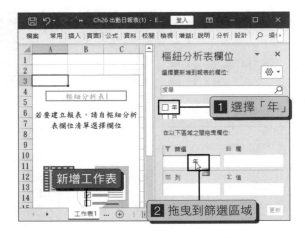

4 另一種方式就是將游標移到
「月」欄位上方，當滑鼠指標變
成 符號，按滑鼠右鍵開啟快顯
功能表，執行「新增至報表篩
選」指令。

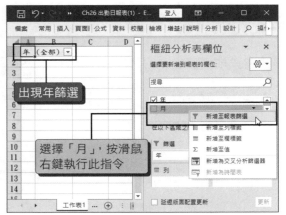

5 依步驟 3 或 4，將「日」放入篩
選區域，「部門」及「姓名」放入
列區域。然後將「遲到（分）」放
入 Σ 值區域，按一下「計數 - 遲
到（分）」旁的清單鈕，執行「值
欄位設定」。

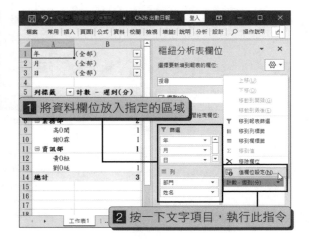

6 開啟「值欄位設定」對話方塊，先選擇使用「加總」方式計算資料欄位，再修改名稱為「遲到」後，按下「確定」鈕。

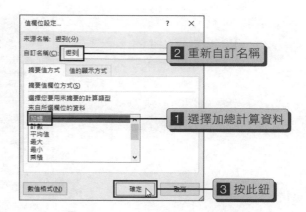

2 重新自訂名稱

1 選擇加總計算資料

3 按此鈕

7 依步驟 5、6 將所有假別的欄位設定完成，樞紐分析表的版面配置如下圖。按下右上方 ✕「關閉」鈕，暫時關閉工作窗格。

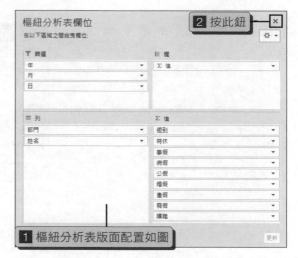

2 按此鈕

1 樞紐分析表版面配置如圖

8 選取整列 1:2，切換到「常用」功能索引標籤，在「儲存格」功能區中，按下「插入」清單鈕，執行「插入工作表列」指令。

1 選取此 2 列

2 執行此指令

9 選取 A1 儲存格，輸入表首名稱為「出勤日報表」，然後修改字型為「微軟正黑體」，文字大小設定為「20」。再選取 A1:J1 儲存格，按下滑鼠右鍵開啟快顯功能表，按下圖「跨欄置中」圖示鈕。

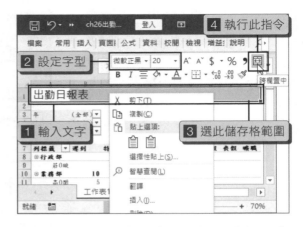

10 選取 A2:J2 儲存格範圍，執行「跨欄置中」指令合併儲存格，接著切換到「公式」功能索引標籤，在「函數庫」功能區中，按下「文字」清單鈕，執行「CONCAT」函數。

11 開啟 CONCAT「函數引數」對話方塊，分別在 Text1~ Text5 輸入引數「民國」、「B3」、「年」、「B4」及「月」，按下垂直捲軸上的向下鈕。

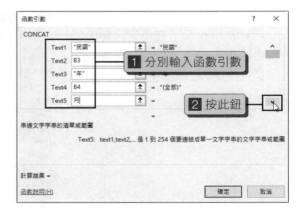

TIPS

因為 CONCAT 是文字函數，所以當我們輸入文字時，會自動在文字前後方加上「"」；若是輸入儲存格範圍時，不需要加上「"」，否則 Excel 會視為文字，而不是參照位置。

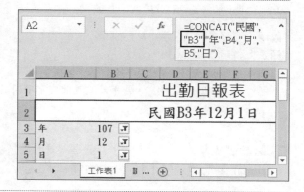

12　繼續在 Text6~Text7 輸入「B5」及「日」，輸入完成按下「確定」鈕。

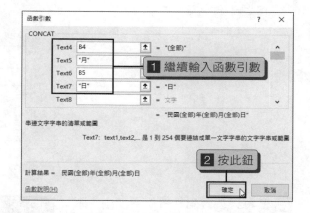

13　完整公式為「=CONCAT(" 民國 ",B3," 年 ",B4," 月 ",B5," 日 ")」。接著按下 B3 儲存格篩選鈕，選擇「107」年，按下「確定」鈕。

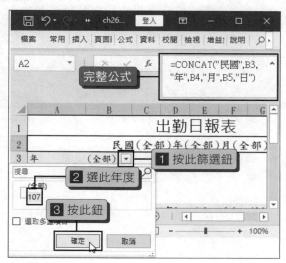

操作 MEMO **CONCAT 函數**

說明： 可將多個文字字串結合成單一文字字串。

語法： CONCAT(text1, [text2], ...)

引數： • Text1（必要）。要串連的第一個文字項目。

• Text2 ...（選用）。要串連的其他文字項目，最多可有 255 個項目。這些項目必須以逗號分隔。

---

14 當篩選「年」、「月」、「日」選擇「107」、「12」及「1」時，表頭的日期會自動顯示「民國 107 年 12 月 1 日」鈕。

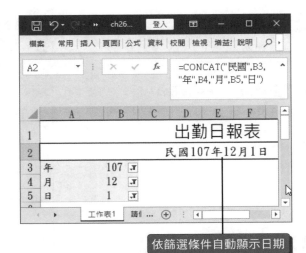

依篩選條件自動顯示日期

15 當每天休假記錄持續增加中，超過最早樞紐分析表設定的來源欄位時，就要重新變更資料來源。開啟「Excel 範例檔」資料夾中的「Ch26 出勤日報表 (2).xlsx」，切換到「出勤日報表」工作表標籤。任選樞紐分析表中的儲存格，切換到「樞紐分析表工具\分析」功能索引標籤，在「資料」功能區中，執行「變更資料來源」指令。

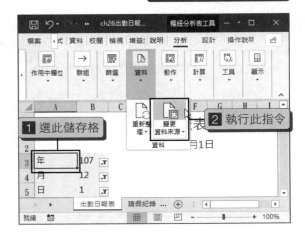

16 開啟「變更樞紐分析表資料來源」對話方塊，修改原有的範圍增加到「請假記錄 $A$2:$P$10000」的儲存格範圍，選取完畢按下「確定」鈕。(修改的儲存格範圍遠超過真正資料範圍，是預留日後尚有新增的資料)

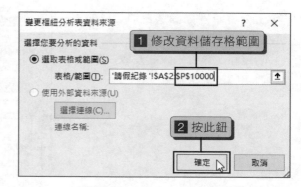

17 篩選欄位中多了許多資料可供篩選。

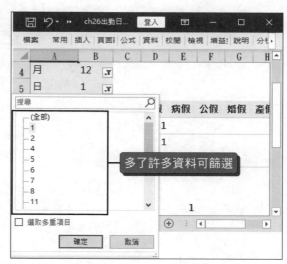

18 為了日報表的美觀，可以在篩選完日期後，列印之前可以將列 3:5 隱藏起來。選取列 3:5，切換到「常用」功能索引標籤，在「儲存格」功能區中，按下「格式」清單鈕，執行「隱藏及取消隱藏 \ 隱藏列」指令。

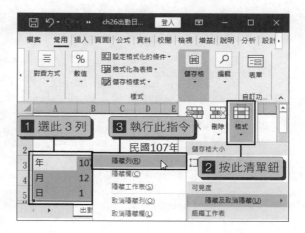

19 若要重新選擇篩選日期，只要先
選取整列 2:6，再按下「格式」
清單鈕，執行「隱藏及取消隱藏\
取消隱藏列」指令。

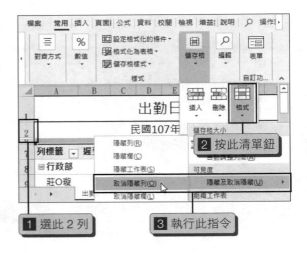

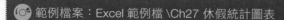

範例檔案：Excel 範例檔 \Ch27 休假統計圖表

單元 27　休假統計圖表

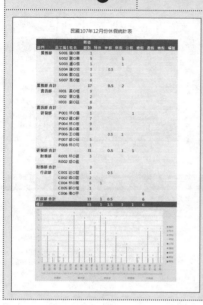

休假統計表以月為單位，統計員工各種假別的天數，可以依照出勤日報表的樣式，加以變化而成。至於各部門遲到、休假的狀況也可以使用樞紐分析圖表示，讓各部門主管更清楚知道自己部門和其他部門的出勤狀況。

範例步驟

1 請開啟「Excel 範例檔」資料夾中的「Ch27 休假統計圖表 (1).xlsx」，切換到「休假統計表」工作表，這原本是出勤日報表，已先將報表名稱及工作表名稱修改完成，接下來就要變更樞紐分析表的版面配置。在「樞紐分析表欄位」工作窗格中，取消勾選「日」欄位。

取消勾選此項

TIPS

要如何重現「樞紐分析表欄位」的工作
窗格？只要切換到「樞紐分析表工具 \
分析」功能索引標籤，在「顯示」功能
區中，執行「欄位清單」指令即可。

2 將游標移到「員工編號」欄位上
方，按住滑鼠不放，將「員工編
號」欄位拖曳至工作表「姓名」
欄位前方。(此項功能僅在古典樞
紐分析表版面配置下才能執行)

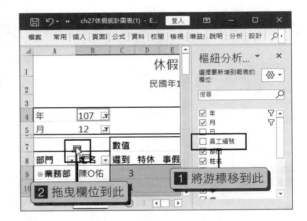

3 「員工編號」只是做參照使用，
並不需要小計加總。選取員工編
號的合計儲存格，切換到「樞紐
分析表工具 \ 分析」功能索引標
籤，在「作用中欄位」功能區
中，執行「欄位設定」指令。

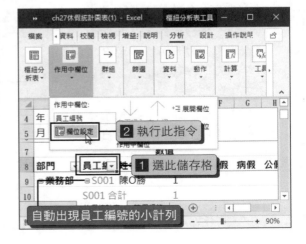

4 開啟「欄位設定」對話方塊，「小計與篩選」標籤中選擇小計是「無」，按「確定」鈕。

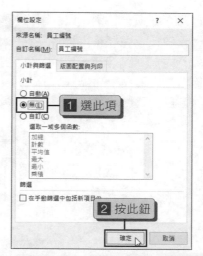

5 為了讓樞紐分析表美觀一些，可以切換到「樞紐分析表工具\設計」功能索引標籤，在「樞紐分析表樣式」功能區中，按下樣式捲動軸上的▽「其他」清單，選擇自己喜歡的樣式。

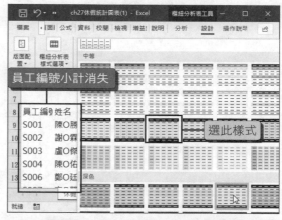

6 樞紐分析表套用指定樣式。先刪除原本的工作列 1，將表首公式變更為「=CONCAT(" 民國 ",B3," 年 ",B4," 月份休假統計表 ")」，最後再調整字型大小為「18」。

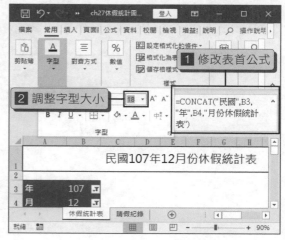

7 接下來練習插入樞紐分析圖，選取樞紐分析表中任一儲存格，切換到「樞紐分析表工具\分析」功能索引標籤，在「工具」功能區中，執行「樞紐分析圖」指令。

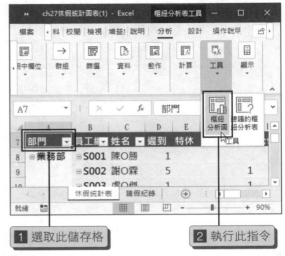

1 選取此儲存格　　　　**2** 執行此指令

8 開啟「插入圖表」對話方塊，選擇預設的「群組直條圖」類型，按「確定」鈕。

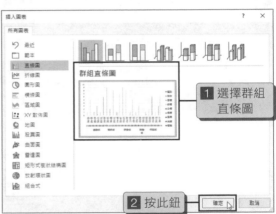

1 選擇群組直條圖

2 按此鈕

9 將圖表拖曳至表格下方，並調整到適當的大小。

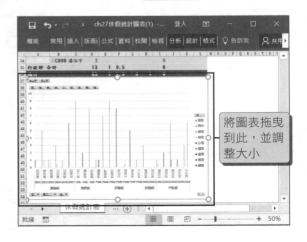

將圖表拖曳到此，並調整大小

10 圖表區不需要顯示欄位按鈕，因此切換到「樞紐分析圖工具 \ 分析」功能索引標籤，在「顯示/隱藏」功能區中，按下「欄位按鈕」清單鈕，執行「全部隱藏」指令。

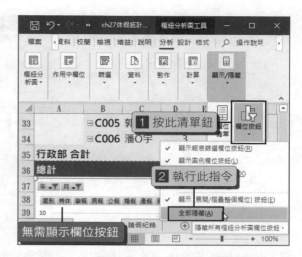

11 光是長條無法一眼就知道實際數值，所以切換到「樞紐分析圖工具 \ 設計」功能索引標籤，在「圖表版面配置」功能區中，按下「新增圖表項目」清單鈕，在「資料標籤」項下，執行「終點外側」指令，增加數值資料標籤。

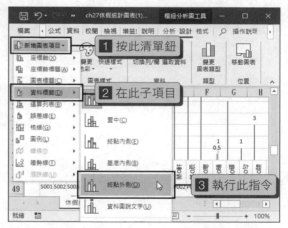

12 接著將圖表塗點顏色，切換到「樞紐分析圖工具 \ 格式」功能索引標籤，在「目前選取的範圍」功能區中，按下清單鈕選取圖表的「繪圖區」；繼續在「圖案樣式」功能區中，按下「圖案填滿」清單鈕，選擇「金色, 輔色 4, 較淺 80%」。

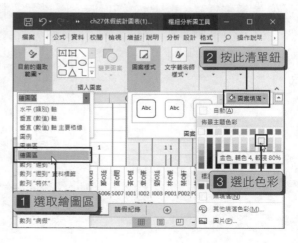

13 選取圖表的「圖表區」，再次按下「圖案填滿」清單鈕，選擇「金色, 輔色 4, 較淺 40%」。

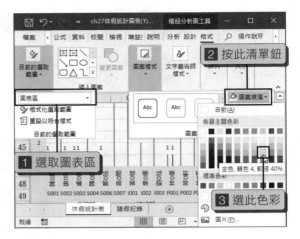

14 接著選取圖表的「水平（類別）軸」，在「文字藝術師樣式」功能區中，按下「文字填滿」清單鈕，選擇「橙色, 輔色 2, 較深 50%」色彩。

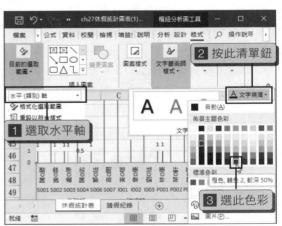

15 陸續將垂直（數值）軸和圖例的文字色彩變更為「橙色, 輔色 2, 較深 50%」即可。

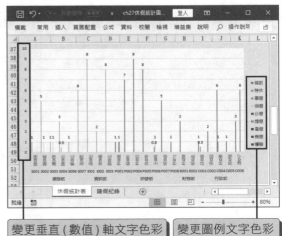

範例檔案：Excel 範例檔 \Ch28 考核成績統計表

單元 28　考核成績統計表

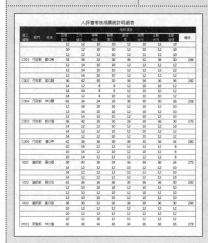

員工考核的評審委員通常不只一位，短時間將所有人的考核表分數統計加總，不是一件簡單的事。但是善用 Excel 的合併彙算功能，就能輕而易舉將格式相同的表格彙整加總。

範例步驟

1 請開啟「Excel 範例檔」資料夾中的「Ch28 考核成績統計表 (1).xlsx」，不論任何評委或是統計工作表，除了分數之外，其他格式、標題位置、員工姓名順序都相同。

不同工作表，表格樣式位置都相同

2 切換到「總計」工作表，選取 D4 儲存格，切換到「資料」功能索引標籤，在「資料工具」功能區中，執行「合併彙算」指令。

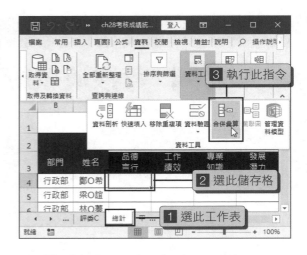

3 執行此指令

2 選此儲存格

1 選此工作表

3 開啟「合併彙算」對話方塊，函數選擇「加總」，將游標插入點移到「參照位置」空白處，切換到「評委 A」工作表，選取 D4:K26 儲存格，參照位置此時會顯示「評委 A!$D$4:$K$26」，按下「新增」鈕。

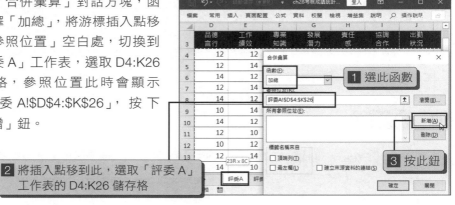

1 選此函數

2 將插入點移到此，選取「評委 A」工作表的 D4:K26 儲存格

3 按此鈕

4 此時「所有參照位置」處會增加一筆「評委 A!$D$4:$K$26」的資料。繼續新增參照位置，直接點選「評委 B」工作表標籤，這時參照位置會自動顯示「評委 B!$D$4:$K$26」，按下「新增」鈕。

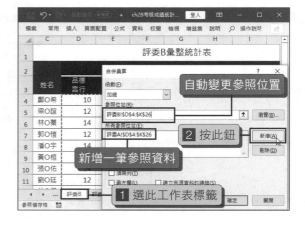

自動變更參照位置

2 按此鈕

新增一筆參照資料

1 選此工作表標籤

5 依相同方法完成所有參照位置，
最後按下「確定」鈕。

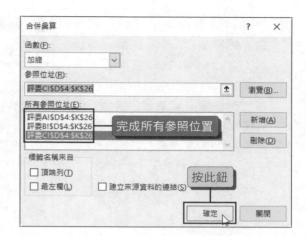

6 「總計」工作表中顯示自動加總的
分數。

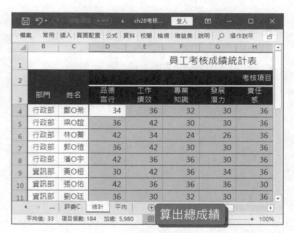

7 切換到「平均」工作表，選取 D4
儲存格，再次執行「合併彙算」
指令，開啟「合併彙算」對話方
塊，依上述步驟新增所有參照位
置，但是將「函數」變更為「平
均值」後，按下「確定」鈕。

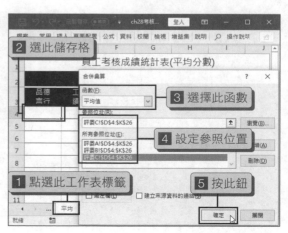

8 計算出個人各項指標的平均分數。選取 D4:D26 儲存格,切換到「常用」功能索引標籤,在「樣式」功能區中,按下「設定格式化條件」清單鈕,選擇「資料橫條」分類項下的「漸層填滿\藍色資料橫條」樣式。

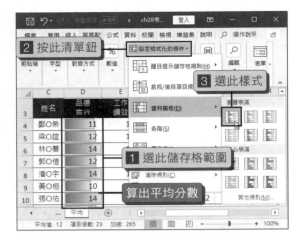

9 重複同樣步驟,將各項指標填上不同顏色的資料橫條,利用資料橫條,很容易了解距離滿分還有多少的努力空間。

各項指標的平均值,一目了然。

10 如果發現某位評委的分數登打時出現錯誤,對於已經彙算的結果造成影響,此時只需要更改該評委的工作表資料,再重新執行一次「合併彙算」指令即可。當然也有預防措施,請開啟「Excel 範例檔」資料夾中的「Ch28 考核成績統計表 (2).xlsx」,本範例複製原來「總計」工作表,變更名稱為「總計 - 連結」工作表。同樣選取 D4 儲存格,執行「合併彙算」指令。

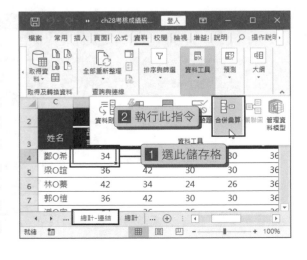

11 因為這是複製原來的工作表，因此所有參照位置和函數都會自動顯示，只要勾選「建立來源資料的連結」選項，按下「確定」鈕。

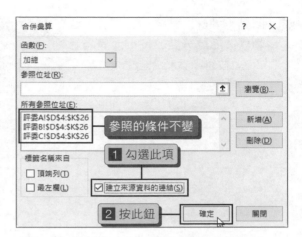

12 工作表的分數重新計算後少 10 分，並出現「小計及大綱」工作窗格。

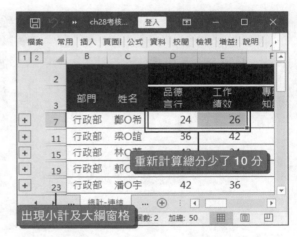

13 切換到「評委 A」工作表，將 D4 及 E4 儲存格數值由「2」修改為「12」。

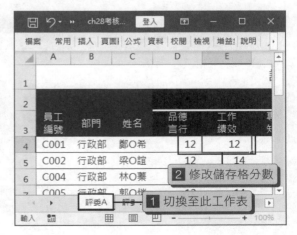

14 回到「總計 - 連結」工作表，自動修改總計分數。按下大綱階層「2」按鈕，看看會發生什麼事。

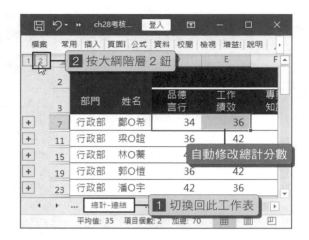

15 展開來的竟然是個人的明細分數。由於受到表頭格式的影響，列 4: 列 6 的明細資料格式與下方資料不同，選取將整列 8:11 儲存格範圍，按滑鼠右鍵開啟快顯功能表，執行「複製」指令。

1 選此儲存格範圍

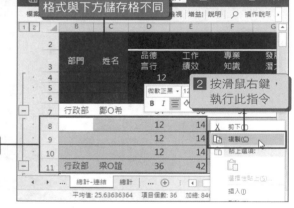

16 選取將整列 4:7 儲存格範圍，按滑鼠右鍵開啟快顯功能表，執行 🖋「設定格式」指令。

1 選此儲存格範圍

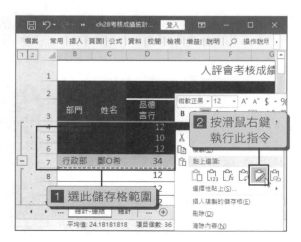

17 最後再設定版面配置，即可完成
人評會考核成績統計明細表。

完成統計明細表

範例檔案：Excel 範例檔 \Ch29 各部門考核成績排行榜

單元 **29** 各部門考核成績排行榜

統計完員工的成績後，不妨將考核成績排名，一方面可以快速看出員工成績的好壞，另一方面可以藉此獎勵優秀員工或激勵表現待加強的員工。

範例步驟

1 請開啟「Excel 範例檔」資料夾中的「Ch29 各部門考核成績排行榜(1).xlsx」，切換到「總排名」工作表。選取 M4 儲存格，切換到「公式」功能索引標籤，在「函數庫」功能區中，執行「插入函數」指令。

2 由於在各類函數中找不到 RANK
　函數，因此在「搜尋函數」空白
　處中輸入文字「排名」，按「開
　始」鈕。

3 在「選取函數」中出現建議的
　函數，選擇「RANK」函數，按
　「確定」鈕。

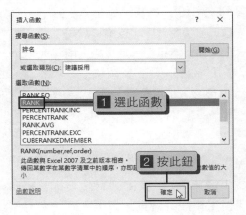

4 開啟 RANK「函數引數」對話方
　塊，在引數 Number 處，選取
　L4 儲存格；引數 Ref 處，選取
　L4:L26 儲存格範圍，並按下鍵盤
　上【F4】鍵，使儲存格範圍變成
　絕對位置「$L$4:$L$26」，不論
　公式如何複製，這個範圍都絕對
　不變，按「確定」鈕。完整公式
　為「=RANK(L4,$L$4:$L$26)」。

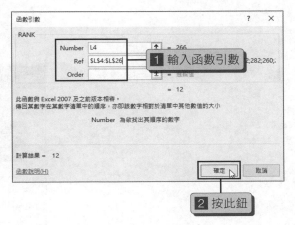

操作 MEMO **RANK 函數**

說明： 傳回數字在數列中的排名。

語法： RANK(number,ref,[order])

引數： ・ Number（必要）。要找出其排名的數字或儲存格。

・ Ref（必要）。指數列的陣列或參照位置。

・ Order（選用）。指定排列數值方式的數字。

---

5 將 M4 儲存格公式拖曳向下複製
到 M26 儲存格，此時會自動將排
名完成。選取 M4:M26 儲存格，
切換到「常用」功能索引標籤，
在「樣式」功能區中，按下「設定
格式化條件」清單鈕，選擇在「前
段 / 後段項目規則」分類項下，
執行「最後 10 個項目」指令。

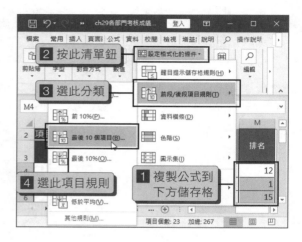

6 開啟「最後 10 個項目」對話方
塊，使用預設的規則，按下「確
定」鈕。

7 排名前 10 名的員工都有醒目提
醒。

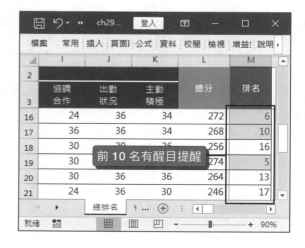

8 如果要做成排行榜，當然是要依照名次作為順序列表。選取 A3:M26 儲存格範圍，切換到「資料」功能索引標籤，在「排序與篩選」功能區中，執行「排序」指令。

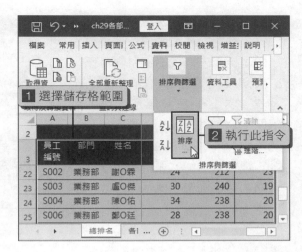

9 開啟「排序」對話方塊，設定排序方式依照「排名」的值，由「最小到最大」排序條件，按「確定」鈕。

10 工作表資料依照排名順序重新排序。

11 如果想要知道各部門的第一名是
誰,只要在不同的部門員工公式
中,使用不同的 Ref 引數範圍。
請切換到「各部門排名」工作
表,本工作表資料是依照「部
門」及「員工編號」順序排列,
選取 A3:L26 儲存格範圍,切換到
「資料」功能索引標籤,在「大
綱」功能區中,執行「小計」指
令。

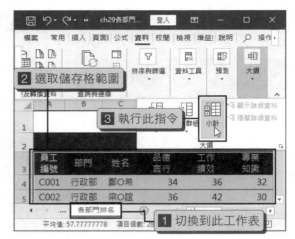

12 開啟「小計」對話方塊,「分組小
計欄位」選擇「部門」;「使用函
數」選擇「平均值」;「新增小計
欄位」勾選全部考核項目及「總
分」,按下「確定」。

13 工作表依照部門別有明顯的區
隔。選取 M4 儲存格,切換到
「公式」功能索引標籤,在「函
數庫」功能區中,按下「其他函
數」清單鈕,選擇在「統計」項
下,執行「RANK.EQ」函數。

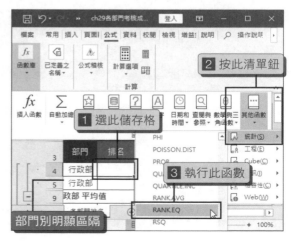

14 開啟 RANK.EQ「函數引數」對話方塊，在引數 Number 處，選取 L4 儲存格；引數 Ref 處，選取 L4:L8 儲存格範圍，並按下鍵盤上【F4】鍵，使儲存格範圍變成絕對位置，按「確定」鈕。完整公式為「=RANK.EQ(L4,$L$4:$L$8)」。

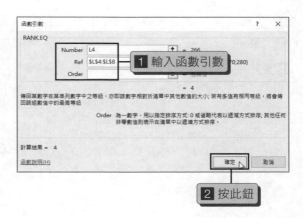

1 輸入函數引數

2 按此鈕

操作 MEMO　RANK.EQ 函數

說明： 傳回數字在數列中的排名。

語法： RANK.EQ(number,ref,[order])

引數： ・ Number（必要）。要找出其排名的數字或儲存格。

　　　　・ Ref（必要）。指數列的陣列或參照位置。

　　　　・ Order（選用）。指定排列數值方式的數字。

---

15 將 M4 儲存格公式「=RANK.EQ(L4,$L$4:$L$8)」複製到所有行政部門員工；選取 M10 儲存格輸入公式為「=RANK.EQ(L10,$L$10:$L$12)」，並複製到資訊部員工；以此類推…完成各部門所有的公式。

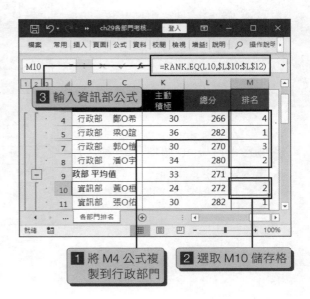

3 輸入資訊部公式

1 將 M4 公式複製到行政部門

2 選取 M10 儲存格

16 完成所有公式後,每個員工在該
部門的排名一清二楚。

TIPS

RANK函數和RANK.EQ函數有什麼不
同?其實是一樣的函數,只是RANK
函數是舊版Excel的函數,為了相容性
而被保留下。新版的RANK.EQ函數還
有一個兄弟RANK.AVG函數,兩者的
不同是在遇到相同排名時,顯示名次
的方式不同。

完成各部門員工的排名

17 各部門的榜首也可以使用格式化
條件凸顯出來。選取 M4:M31 儲
存格,切換到「常用」功能索引
標籤,在「樣式」功能區中,按
下「設定格式化條件」清單鈕,
選擇在「前段 / 後段項目規則」
項下,執行「最後 10 個項目」指
令。

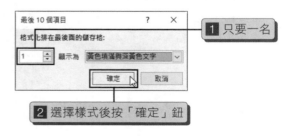

18 開啟「最後 10 個項目」對話方
塊,只要格式化排在最後「1」名
的儲存格,選擇不同的儲存格樣
式,按下「確定」鈕。

19 各部門的第一名都被明顯標示。
接著按下「階層 2」的按鈕，看
看有什麼事。

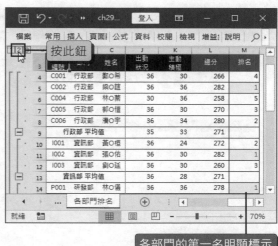

各部門的第一名明顯標示

20 將各部門的明細資料隱藏起來，
僅顯示部門的平均分數。至於要
如何設定排名公式呢？既然只
有 5 個部門，那就自己手動排名
吧！

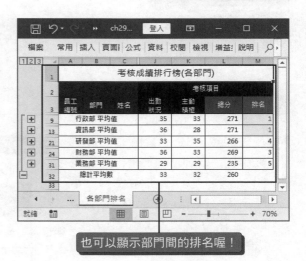

也可以顯示部門間的排名喔！

範例檔案：Excel 範例檔 \Ch30 業績統計月報表

單元 **30** 業績統計月報表

本範例主要針對業務人員的月銷售業績進行統計，是計算月業績獎金的基礎。對於有多種類型產品的公司而言，不同的產品毛利率都不盡相同，主力商品可提供公司較多的獲利，當然也鼓勵業務人員多銷售主力商品。因此不同類型商品可以計算業績的比例也有所差異。

範例步驟

1 首先開啟「Excel 範例檔」資料夾中的「Ch30 業績統計月報表 (1).xlsx」，並切換工作表到「業績準則」工作表，依序在 A3：D3 儲存格輸入「0.1」、「0.2」、「0.4」、「0.5」四個數值。

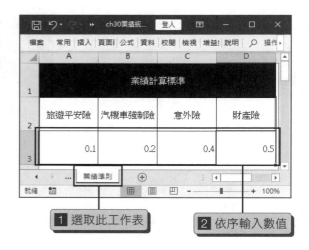

1 選取此工作表

2 依序輸入數值

2 選取 A3；D3 儲存格，切換到「常用」功能索引標籤，在「數值」功能區中，按下 % 「百分比樣式」功能鈕。

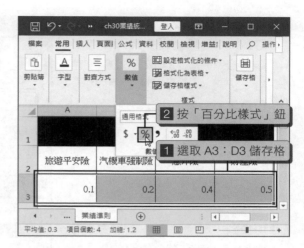

3 數值變成百分比樣式。

TIPS

如果上述步驟2的順序顛倒一下，先選取A3：D3儲存格後，按下「百分比樣式」功能鈕，這時候輸入的數值就要改成「10」、「20」、「40」、「50」四個數值囉！

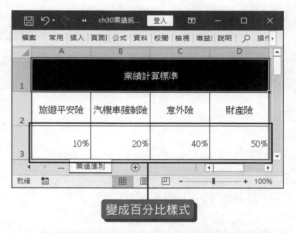

4 切換到「業績月報表」工作表，選取 G3 儲存格，切換到「公式」功能索引標籤，在「函數庫」功能區中，按下「數學與三角函數」清單鈕，執行插入「SUMPRODUCT」函數。

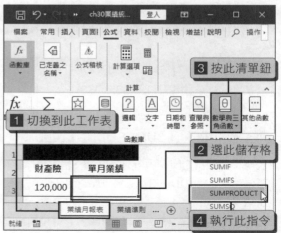

5 開啟 SUMPRODUCT「函數引數」
對話方塊，將游標移到 Array1 引
數的空白處，選取 C3:F3 儲存
格。按下 Array2 引數右方的 ↑
摺疊鈕。

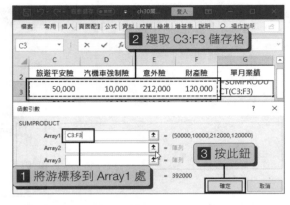

6 切換到「業績準則」工作表，選
取 A3:D3 儲存格，按下 ↓「展
開」鈕。

7 回到函數引數對話方塊，按一下
鍵盤的【F4】鍵，將儲存格由相
對儲存格「業績準則!A3:D3」
變成絕對儲存格範圍「業績準
則!$A$3:$D$3」，然後按下「確
定」鈕。
完整公式為「=SUMPRODUCT
(C3:F3, 業績準則!$A$3:$D$3)」。

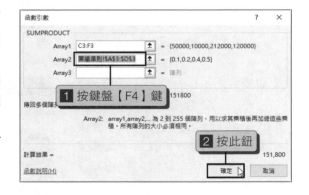

操作 MEMO **SUMPRODUCT 函數**

說明：傳回指定陣列中所有對應儲存格乘積的總和。

語法：SUMPRODUCT(array1, [array2], [array3], ...)

引數： ・ Array1（必要）。要求乘積和的第一個陣列引數。

  ・ Array2, array3,...（選用）。要求乘積和的第 2 個到第 255 個陣列引數。

8 計算出當月的業績。選取 G3 儲存格，按住「填滿控點」向下拖曳，將公式複製到 G12 儲存格。

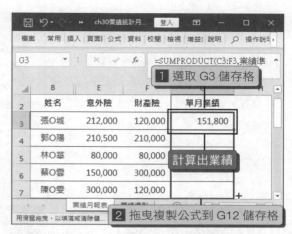

9 放開滑鼠就完成所有人員的業績計算。計算本月總業績，選取 G13 儲存格，按下資料編輯列上的 f_x「插入函數」鈕。

10 開啟「插入函數」對話方塊，在「最近使用過函數」類別中，選擇常用的「SUM」加總函數，按下「確定」鈕。

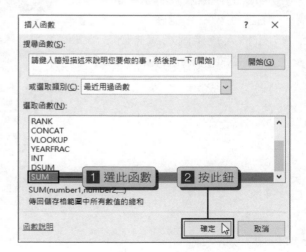

11 開啟 SUM「函數引數」對話方塊，自動選取 G3:G12 儲存格範圍，確認無誤後，按下「確定」鈕。完整公式為「=SUM(G3: G12)」。

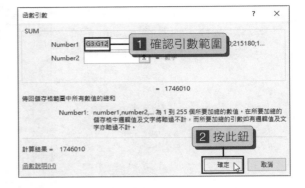

12 繪製單月業績圖，先選取 B2：B12 儲存格，按住鍵盤【Ctrl】鍵不放，繼續選取 G2：G12 儲存格，同時放開滑鼠左鍵及【Ctrl】鍵，完成選取不相鄰儲存格。

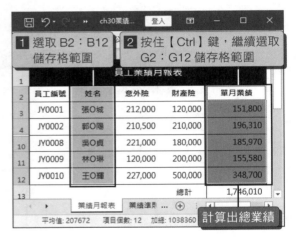

13 切換到「插入」功能索引標籤，在「圖表」功能區中，按下「插入直條圖或橫條圖」清單鈕，選擇「平面橫條圖」。

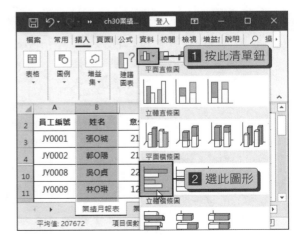

14 單月業績比較圖就自動完成,將
　　圖表到拖曳 A14 儲存格位置,最
　　後調整圖表區的寬度,圖文並茂
　　的業績月報表就完成了。

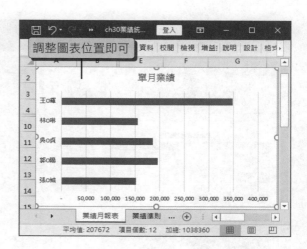

調整圖表位置即可

範例檔案：Excel 範例檔 \Ch31 業績統計年度報表

單元 **31** 業績統計年度報表

員工為了公司打拼一整年，業績資料庫累積幾千、幾萬筆的銷售資料，該是算總帳的時候。有些人習慣使用製作完成的月報表或季報表進行合併彙算，但是受限於格式及排序，要注意的細節可不少，所以還是使用樞紐分析表來進行較為簡便。

範例步驟

---

1 請開啟「Excel 範例檔」資料夾中的「Ch31 業績統計年度報表 (1).xlsx」，利用已經設定好版面配置的季報表，修改成年度報表。選取「統計季報表」工作表標籤，按滑鼠右鍵開啟快顯功能表，執行「移動或複製」指令。

2 開啟「移動或複製」對話方塊，
勾選「建立複本」後，按「確
定」鈕。

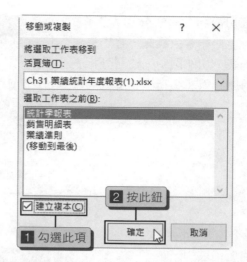

3 為了避免和季報表搞混，因此要
將新增工作表的標籤名稱、表首
名稱以及樞紐分析表名稱修改成
「年度統計報表」。先選取新增
的工作表標籤，按滑鼠右鍵開啟
快顯功能表，執行「重新命名」
指令。

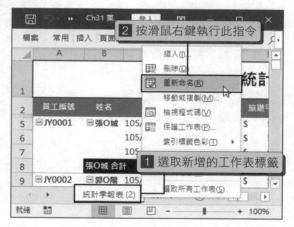

4 標籤文字將被反白選取，直接輸
入文字「年度統計報表」，輸入完
畢直接選取任何儲存格即完成輸
入。選取 A1 儲存格，變更表首
名稱為「業績年度統計報表」。

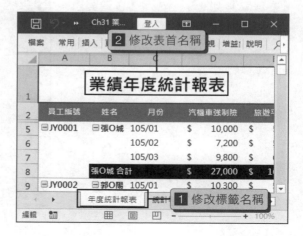

5 接著切換到「樞紐分析表工具\
分析」功能索引標籤，在「樞紐
分析表」功能區中，樞紐分析表
名稱處輸入新名稱「年度統計報
表」。

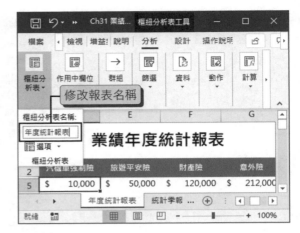

6 銷售明細表中新增了許多資料，
進行年度報表作業時，一定要先
確認樞紐分析表的資料來源是最
新版本。首先選取樞紐分析表中
的儲存格，繼續「樞紐分析表工
具\分析」功能索引標籤，切換
到「資料」功能區中，按下「重
新整理」清單鈕，執行「全部重
新整理」指令。

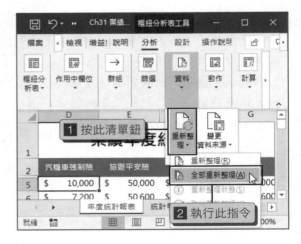

7 選取整列 2:5，按滑鼠右鍵開啟
快顯功能表，執行「取消隱藏」
指令，重新顯示樞紐分析表的欄
位標題。

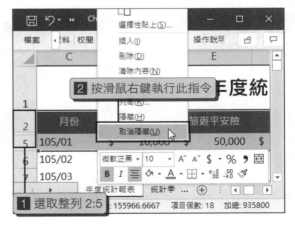

8 按下「銷售月份」的 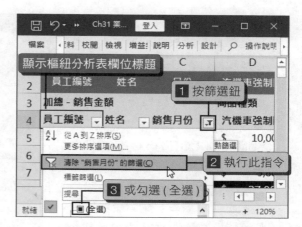 篩選鈕，執行「清除"銷售月份"的篩選」指令，或勾選「(全選)」後，按下「確定」鈕皆可清除篩選。

9 選擇樞紐分析表「姓名」欄位中的任何儲存格，切換到「樞紐分析表工具\分析」功能索引標籤，在「作用中欄位」功能區中，執行「摺疊欄位」指令，將個人每個月份的明細資料收起來，僅顯示年度總計。

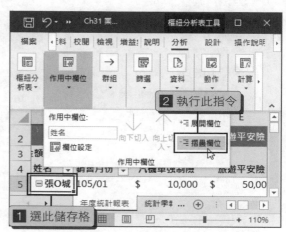

10 個人的明細資料都被收起來，於是「銷售月份」整欄變成空白。選取整欄 C，按滑鼠右鍵開啟快顯功能表，執行「隱藏」指令。

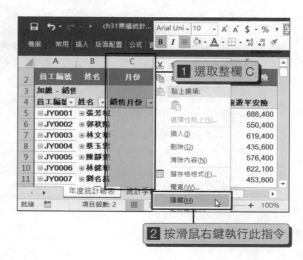

11 由於最後一個欄位「業績金額」
不是樞紐分析表中的欄位，因此
當樞紐分析表內容有異動時，「業
績金額」欄位下的格式不會跟著
變動。選取 I15 儲存格，修改業
績金額公式「=IF(H15="","",
SUMPRODUCT(D15:G15, 業績準
則 !$A$3:$D$3))」，並將公式複製
到上方及下方的儲存格，不論是
否顯示明細資料，業績金額的數
值都能自動計算，而不影響美觀。

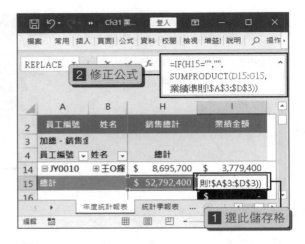

12 重新設定 I15 的儲存格格式，接
著選取整列 3:4，按滑鼠右鍵開
啟快顯功能表，執行「隱藏」指
令，重新將樞紐分析表欄位標題
隱藏起來。

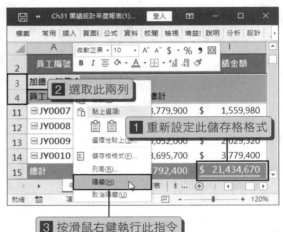

13 員工編號和姓名前方都有 ⊟「摺
疊」和 ⊞「展開」的符號鈕，看
起來不是很美觀。
切換到「樞紐分析表工具 \ 分
析」功能索引標籤，在「樞紐分
析表」功能區中，按下「選項」
清單鈕，執行「選項」指令。

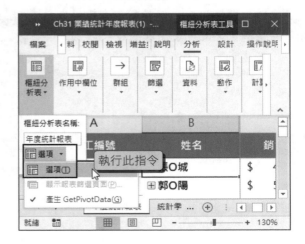

14 出現「樞紐分析表選項」對話方塊，切換到「顯示」標籤，取消勾選「顯示展開/摺疊按鈕」，按下「確定」鈕。

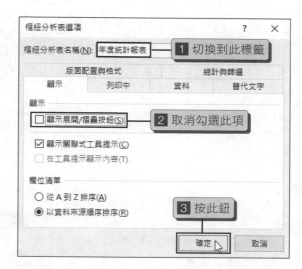

15 再稍微統一儲存格的格式及樣式，經過改造後，工作表看起來一點都不像樞紐分析表。

看不出來是樞紐分析表

16 如果再加上一張美美的業績圖，更能增加可看性。

切換到「插入」功能索引標籤，在「圖表」功能區中，按下「樞紐分析圖」清單鈕，執行「樞紐分析圖」指令。

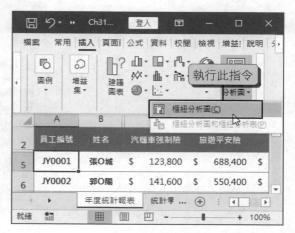

17 開啟「插入圖表」對話方塊,選擇「直條圖」類別中的「堆疊直條圖」,按下「確定」鈕。

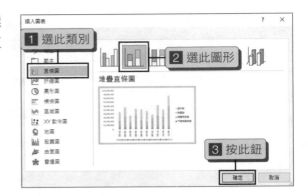

18 調整樞紐分析圖的大小與表格同寬,並移動圖形位置到表格下方。修改圖形樣式,切換到「樞紐分析圖工具\設計」功能索引標籤,在快速圖表樣式庫中,選擇「樣式8」。

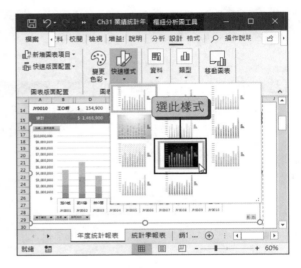

19 最後按下「變更色彩」清單鈕,選擇「色彩豐富的調色盤3」,讓資料數列更醒目。

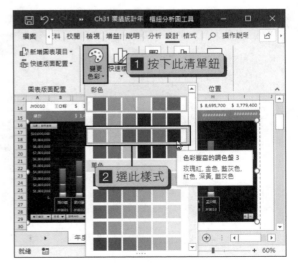

範例檔案：Excel 範例檔 \Ch32 年終業績分紅計算圖表

單元 **32** 年終業績分紅計算圖表

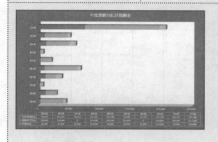

年終獎金和員工整年的業績相關，當然也和員工各品項的工作表現考核相關，因此整年度累計業績到達規定的標準，加發年度的業績獎金；而考核成績也會依照不同等第，給予適當的獎勵；銷售額的排名也可以列為參考的範疇，雖然業績比例有不同，但是不同的產品的開發，都可以增加客源及公司獲利，也是要給予讚賞。

範例步驟

1 請開啟「Excel 範例檔」資料夾中的「Ch32 年終業績分紅計算圖表 (1).xlsx」，切換到「排名獎金」工作表，計算各種不同商品銷售額排行榜的排名獎金。選取 H17 儲存格，切換到「公式」功能索引標籤，在「函數庫」功能區中，按下「其他函數」清單鈕，在「統計」項下，執行「COUNTIF」指令。

2 開啟 COUNTIF「函數引數」對話方塊，在 Range 引數中選取「C17:F17」儲存格，並按下鍵盤【F4】鍵 3 次，使儲存格位置變成「$C17:$F17」絕對位置；在 Criteria 引數中輸入「1」，表示只統計得到第一名的次數，按下「確定」鈕。

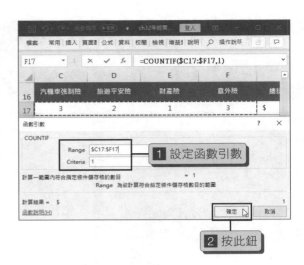

操作 MEMO　**COUNTIF 函數**

說明： 計算特定範圍內，符合指定單一條件的儲存格數目。
語法： COUNTIF(range, criteria)
引數： ・ Range（必要）。要列入計算的一個或多個儲存格。
　　　　　・ Criteria（必要）。指定的單一條件。

---

3 統計出次數後，還要乘上每次冠軍可得的獎金「36,800」元。將游標移到資料編輯列中 COUNTIF 函數後方，先輸入「*」乘號，再選取獎金儲存格「H15」，並按下鍵盤【F4】鍵盤，使參照位置變更為「$H$15」，以方便複製公式到其他儲存格。完整公式為「=COUNTIF($C17:$F17,1)*$H$15」。

4 選取 H17 儲存格,將公式複製到 I17 儲存格,選取 I17 儲存格修改 COUNTIF 函數公式的第 2 個引數為「2」,修改後公式為「=COUNTIF($C17:$F17,2)*I$15」,表示統計亞軍的次數。將 H17:I17 公式複製到下方儲存格範圍。

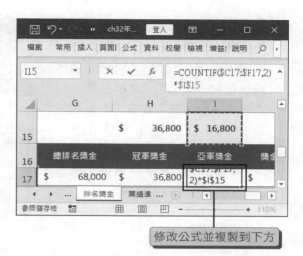

修改公式並複製到下方

5 接著選取 A17:J26 儲存格範圍,切換到「公式」功能索引標籤,在「已定義之名稱」功能區中,按下「定義名稱」清單鈕,執行「定義名稱」指令。

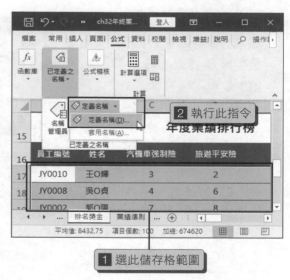

2 執行此指令

1 選此儲存格範圍

6 輸入名稱「業績排名獎金」,確認參照範圍後,按下「確定」鈕。依相同方法定義 A3:H12 儲存格範圍名稱為「年度業績金額」。

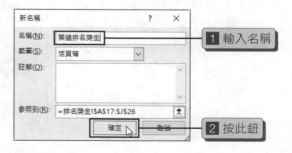

1 輸入名稱

2 按此鈕

7 計算年終業績獎金。切換回「年終獎金計算表」工作表，選取 C3 儲存格，插入「VLOOKUP」函數，在 VLOOKUP「函數引數」對話方塊中，輸入 4 個引數分別為「A3, 年度業績金額 ,8,0」，按下「確定」鈕。完成後公式為「=VLOOKUP(A3, 年度業績金額 ,8,0)」。

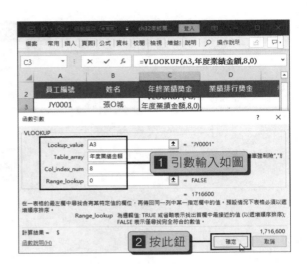

8 但是參照出來的「1,716,600」年度的業績總額，而不是業績獎金，因此要以業績總額為搜尋值，參照業績獎金標準，計算出業績獎金。將游標插入點移到資料編輯列「VLOOKUP」函數的 V 字前方，輸入「H」，此時會出現所有 H 開頭的函數，將游標移到「HLOOKUP」上方，按滑鼠 2 下選擇「HLOOKUP」函數。

9 在「VLOOKUP」函數前方會出現「HLOOKUP(」字樣，將游標插入點移到文字中間任意位置，按下「插入函數」鈕，開啟 HLOOKUP「函數引數」對話方塊。

10 在 HLOOKUP「函數引數」對話
方塊中，第 1 個引數會自動顯
示「VLOOKUP(A3, 年度業績金
額 ,8,0)」，分別輸入第 2 及第 3
個引數為「年終準則」和「2」，
第 4 個引數省略，按下「確定」
鈕。完成後公式為「=HLOOKUP
(VLOOKUP(A3, 年 度 業 績 金 額 ,
8,0), 年終準則 ,2)」。

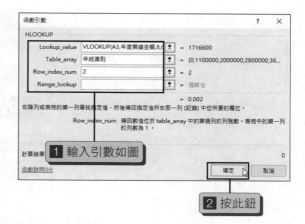

1 輸入引數如圖

2 按此鈕

操作 MEMO　HLOOKUP 函數

說明： 搜尋儲存格範圍的第一列，從相同範圍同一欄的任何儲存格傳回一個符合條件的值。
HLOOKUP 中的 H 代表「水平」。

語法： HLOOKUP(lookup_value, table_array, row_index_num, [range_lookup])

引數：
- Lookup_value（必要）。第一列中所要搜尋的值。
- Table_array（必要）。這是包含資料的儲存格範圍，但是 lookup_value 所搜尋的值
必須在 table_array 的第一列。這些值可以是文字、數字或邏輯值，文字不區分大
小寫。
- Row_index_num（必要）。在 table_array 中傳回相對應值的列號。
- Range_lookup（選用）。這是用以指定要 HLOOKUP 要尋找完全符合或大約符合值
的邏輯值。

---

11 但是這裡參照出來的還不是業
績獎金，只是業績總額的分紅
比例，還要在乘上業績總額才是
業績獎金。因此將游標插入點
移到上一步驟的公式最後方，
輸入「*VLOOKUP(A3, 年度業績
金額 ,8,0)」，按下鍵盤【Enter】
鍵完成年終業績獎金的公式。
將 C3 儲存格公式複製到下方
儲存格。C3 儲存格完整公式為
「=HLOOKUP(VLOOKUP(A3, 年
度 業 績 金 額 ,8,0), 年 終 準 則 ,2)*
VLOOKUP(A3,年度業績金額,8,0)」

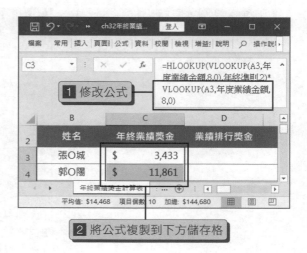

1 修改公式

2 將公式複製到下方儲存格

12 輸入完成複雜的年終業績獎金後，直接在 D3 儲存格輸入排行獎金公式「=VLOOKUP(A3, 業績排行獎金,10,0)」；在 E3 儲存格輸入考績獎金公式「=VLOOKUP(A3, 考績獎金,5,0)」，將 D3:E3 儲存格公式複製到下方儲存格。

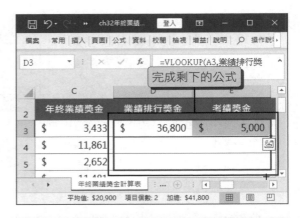

13 製作年終業績獎金圖表。選取 B2:E12 儲存格，切換到「插入」功能索引標籤，在「圖表」功能區中，按下 「插入直條圖或橫條圖」清單鈕，執行「立體堆疊橫條圖」指令。

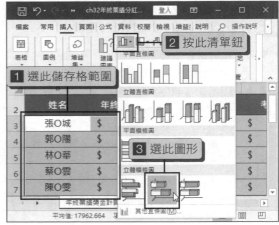

14 出現橫條圖，直接切換到「圖表工具 \ 設計」功能索引標籤，在「位置」功能區中，執行「移動圖表」指令。

出現橫條圖

15 開啟「移動圖表」對話方塊，選擇「新工作表」，並於空白處輸入工作表名稱「年終業績獎金圖表」，按「確定」鈕。

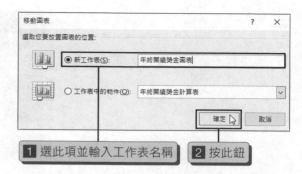

16 圖表移到新的工作表，在「圖表版面配置」功能區中，按下「快速版面配置」清單鈕，選擇「版面配置 5」。

17 選取圖表標題文字方塊，按滑鼠右鍵開啟快顯功能表，執行「編輯文字」指令。

18 輸入標題名稱「年度業績分紅計
算圖表」，最後利用圖表工具的格
式功能，將圖表區美化成自己想
要的樣式。

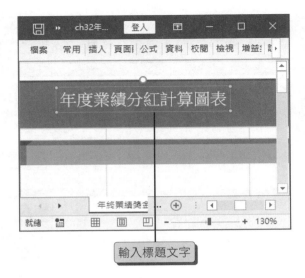

輸入標題文字

範例檔案：Excel 範例檔 \Ch33 員工薪資異動記錄表

單元 33　員工薪資異動記錄表

員工不可能一進公司就不再調整薪資，隨著年資的增加、職務的變動、法令的修正，都有可能讓薪資有所異動，因此完整的調薪記錄，也就是員工努力工作的辛酸史。員工要調整薪資，會計人員總不能打開電腦說調就調，毫無依據。首先要先做員工薪資異動申請表，送交主管核准，才能依表變更。

範例步驟

1 請開啟「Excel 範例檔」資料夾中的「Ch33 員工薪資異動記錄表 (1).xlsx」，切換到「薪資異動記錄表」工作表。遇到長長的工作表資料時，當移到下方儲存格時，只看到一堆數字，沒有標題欄的輔助，還真不知道資料所代表的意義。先選取列 2 上的儲存格，切換到「檢視」功能索引標籤，在「視窗」功能區中，按下「凍結窗格」清單鈕，執行「凍結頂端列」指令，將標題列凍結在工作表的最上方。

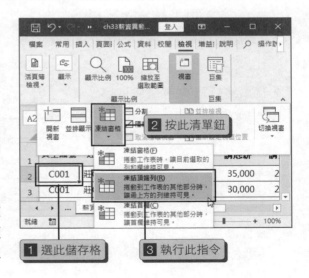

2 當資料捲軸到下方時，標題列還是乖乖的待在最上方等待視察。由於要使用 VLOOKUP 函數參照最新的薪資記錄，因此要先將薪資記錄重新排序，讓同一名員工的薪資記錄，最新的資料都排在最上方。切換到「資料」功能索引標籤，在「排序與篩選」功能區中，執行「排序」指令。

3 開啟「排序」對話方塊，設定第一個排序條件依照「員工編號」的「儲存格值」，由「A 到 Z」排序，設定完後按「新增層級」鈕。

4 設定第二個排序條件依照「調年」的「儲存格值」，由「最大到最小」排序，設定完後按「新增層級」鈕。

5 接著設定第三個排序條件依照「調月」的「儲存格值」，由「最大到最小」排序，設定完後按「確定」鈕重新排序。

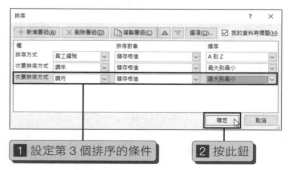

6 工作表資料依照指定的方式重新排序。

7 調薪記錄保持最新的狀態後，接著就要製作薪資異動表。請切換到「薪資異動申請表」工作表，選取 D4 儲存格，切換到「檢視」功能索引標籤，在「視窗」功能區中，按下「凍結窗格」清單鈕，執行「凍結窗格」指令，如此一來，標題欄和標題列都會乖乖的不動。

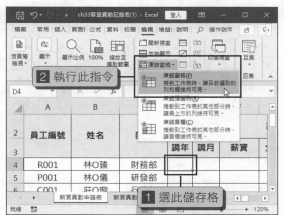

8 選取 J4 儲存格，切換到「公式」功能索引標籤，在「函數資料庫」功能區中，按下「查閱與參照」清單鈕，執行「VLOOKUP」函數，查詢員工原本的薪資結構。

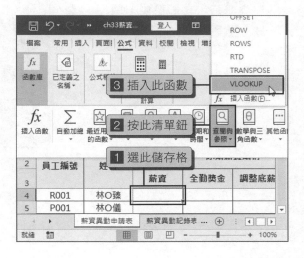

9 開啟 VLOOKUP「函數引數」對話方塊，設定 VLOOKUP 函數引數，第 1 個引數為「\$A4」；第 2 個引數「薪資異動記錄表 !\$A\$2:\$H\$64」；第 1 個引數為「6」；第 4 個引數為「0」，按下「確定」鈕。

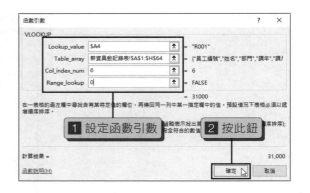

10 複製 J4 公式到 K4 儲存格，並將原公式第 3 個引數改成「7」，修改後完整公式為「=VLOOKUP(\$A4, 薪資異動記錄表 !\$A\$2:\$H\$64,7,0)」。選取 J4:K4 儲存格將公式複製到下方儲存格。

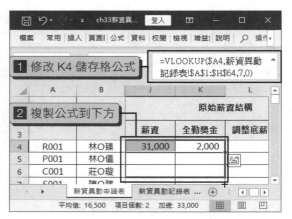

11 選取 A4:K26 儲存格，切換到「資料」功能索引標籤，在「排序與篩選」功能區中，執行「排序」指令。

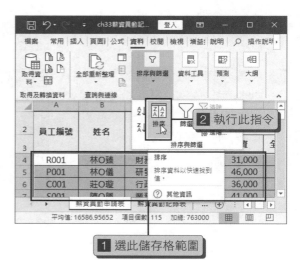

12 開啟「排序」對話方塊，由於選取範圍沒有標題列，因此選擇依「欄 C」（部門）來排序，順序處選擇「自訂清單」。

13 開啟「自訂清單」對話方塊，在「清單項目」中先輸入「業務部」，按鍵盤【Enter】鍵，將游標移到下一行，繼續輸入下一個項目「研發部」，依序將「行政部」、「財務部」和「資訊部」輸入完畢，按下「新增」鈕。

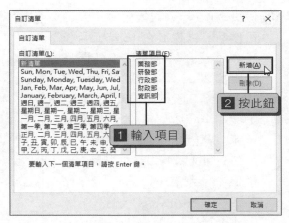

14 「自訂清單」窗格中出現剛輸入的清單項目。選擇新的項目清單，按下「確定」鈕。

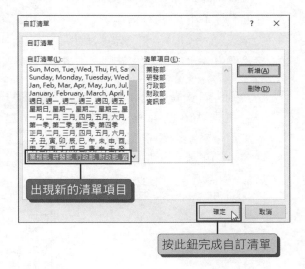

15 回到「排序」對話方塊，排序條件設定完成後，按「確定」鈕即可。

排序條件

按此鈕

16 假設 2015 年公司因應政策及公司獲利，決定從 2016 年元月份起調整薪資結構，業務部門底薪增加 2000 元、全勤獎金減少 1000 元；研發部門的員工全勤獎金增加 1000 元；其他部門底薪增加 1000 元。依照上述條件分別在不同部門員工薪資上輸入調整值，分別在 F4、G4 和 H4 儲存格中，輸入公式「=J4+L4」、「=K4+M4」和「=F4+G4」，並在 D4、E4 和 I4 儲存格中，輸入

1 在此輸入調整值

3 按滑鼠右鍵執行此指令

2 完成表格內容後選取此儲存格範圍

文字「2016」、「1」和「年度調薪」，請參考「Ch33 員工薪資異動記錄表 (2).xlsx」。接著選取 A4:I26 儲存格範圍，按滑鼠右鍵開啟快顯功能表，執行「複製」指令。

17 切換到「薪資異動記錄表」工作表，選取 A65 儲存格，切換到「常用」功能索引標籤，在「剪貼簿」功能區中，按下「貼上」清單鈕，執行 「貼上值」指令。

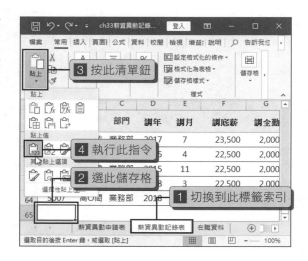

3 按此清單鈕

4 執行此指令

2 選此儲存格

1 切換到此標籤索引

18 新增的資料還不急著重新排序，
要等生效日之後，再執行排序工
作，否則計算薪資時，可能會參
照到錯誤的資料。

新增調薪記錄

單元 **34** 員工薪資計算表

109年元月員工薪資

序號	員工編號	姓名	部門	底薪	全勤獎金	扣：請假款	扣：自選退休金	薪資總額	代扣健保費	代扣勞保費	減項小計	應付薪資
1	C001	湯○空	行政部	33,000	-	550	2,178	$ 30,272	1,876	733	$ 2,609	$ 27,663
2	C002	柬○宜	行政部	28,000	2,000	-	606	$ 29,394	1,620	634	$ 2,254	$ 27,140
3	C004	林○馨	行政部	25,000	2,000	-	-	$ 27,000	1,420	554	$ 1,974	$ 25,026
4	C005	鄭○榕	行政部	23,500	-	783	1,056	$ 21,661	676	528	$ 1,204	$ 20,457
5	C006	湯○宇	行政部	23,500	-	392	1,056	$ 22,052	1,352	528	$ 1,880	$ 20,172
6	I001	劉○輝	資訊部	27,000	2,000	-	-	$ 29,000	776	607	$ 1,383	$ 27,617
7	I002	李○安	資訊部	30,000	2,000	-	-	$ 32,000	852	667	$ 1,519	$ 30,481
8	I003	劉○茳	資訊部	27,000	-	50	-	$ 26,950	776	607	$ 1,383	$ 25,567
9	P001	林○儀	研發部	43,000	3,000	-	964	$ 45,036	2,472	966	$ 3,438	$ 41,598
10	P002	蔡○新	研發部	37,000	-	1,233	-	$ 35,767	1,074	840	$ 1,914	$ 33,853
11	P004	林○胤	研發部	33,000	3,000	-	-	$ 36,000	938	733	$ 1,671	$ 34,329
12	P005	顏○緯	研發部	31,000	-	100	-	$ 30,900	1,788	700	$ 2,488	$ 28,412
13	P006	王○綺	研發部	31,000	-	258	-	$ 30,742	894	700	$ 1,594	$ 29,148
14	P007	鄭○輝	研發部	33,000	3,000	-	-	$ 36,000	938	733	$ 1,671	$ 34,329
15	P008	林○羽	研發部	31,000	3,000	-	-	$ 34,000	894	700	$ 1,594	$ 32,406
16	R001	林○婕	財務部	28,000	2,000	-	-	$ 30,000	810	634	$ 1,444	$ 28,556
17	R002	唐○尹	財務部	24,000	2,000	-	-	$ 26,000	710	554	$ 1,264	$ 24,736
			小計	508,000	24,000	3,366	5,860	$ 522,774	19,866	11,418	$ 31,284	$ 491,490

員工薪資表中除了本薪之外，加項獎金就是全勤獎金、業績獎金以及一些補助項目，如伙食費、交通津貼…等。而全勤獎金與請假以及遲到相關，直接影響本薪減項的計算。代扣的項目包括勞、健保以及所得稅，有些公司設有福利委員會或工會，還要被代扣福委會的福利金，工會的會費…等。薪資總額扣除掉代扣項目的金額，就是該支付給員工的實際薪資。

範例步驟

1 請開啟「Excel 範例檔」資料夾中的「Ch34 員工薪資計算表 (1). xlsx」，先到「薪資異動記錄表」工作表，參照薪資資料之前，一定要先將調薪記錄最新的資料排在前面。

切換到「資料」功能索引標籤，在「排序與篩選」功能區中，執行「排序」指令，依照「員工編號」由 A 到 Z；「調年」從最大到最小；「調月」從最大到最小的排序方式重新排序，按下「確定」鈕。

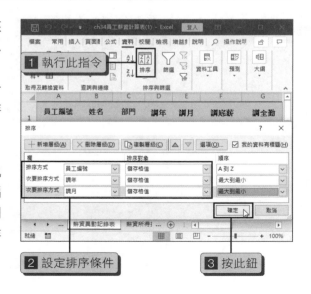

2 切換回「薪資計算表」工作表，選取 E3 儲存格，輸入公式「=VLOOKUP(B3, 調薪記錄 ,6,0)」。

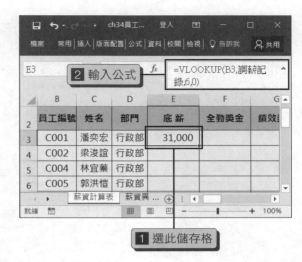

TIPS

本範例已經定義的範圍名稱，可開啟「名稱管理員」查看。

3 全勤獎金的計算有一點複雜，首先要先判斷每個員工的該月是否可以獲得全勤獎金，如果不可以就顯示 0 值，如果可以則要參照該名員工全勤獎金的金額。假設遲到 10 分鐘內，沒有請事病假，則可以得到全勤獎金。接著選取 F3 儲存格，輸入完整公式「=IF(IF(P3+Q3=0,0,1)+IF(R3<=10,0,1)=0,VLOOKUP(B3, 調薪記錄 ,7,0),0)」

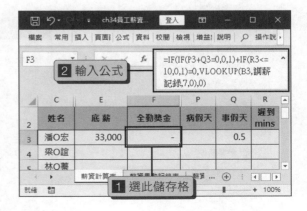

公式說明

計算全勤獎金的公式可分成 4 個部分：
A. 如果事病假加起來等於 0，就顯示 0 值，否則就顯示 1 值。公式為「IF(P3+Q3=0,0,1)」
B. 如果遲到小於或等於 10，就顯示 0 值，否則就顯示 1 值。公式為「IF(R3<=10,0,1)」
C. 參照全勤獎金公式為「VLOOKUP(B3, 調薪記錄 ,7,0)」
D. 最後就是判定如果 A+B=0，則顯示全勤獎金；若 A+B ≠ 0，則顯示 0。

4 績效獎金則沒有一定的公式，就
依照實際給付的金額輸入（沒有
則省略）。計算請假扣款，假設請
假扣款的規定如下：遲到不超過
20 分鐘則不扣，超過的分鐘，則
每分鐘扣 10 元；請事假則是以底
薪除以 30 天，再乘上事假天數；
而病假則是給半薪。
請 選 取 H3 儲 存 格， 輸 入 公 式
「= IF(R3<=20,0,(R3-20)*10)+
ROUND(E3/30*(P3/2+Q3) ,0)」。

公式說明

A. 遲到使用 IF 函數判斷是否超時 R3<=20，若無則不扣薪 0；否則扣 (R3-20)*10
B. 事病假底薪除以 30 天 (E3/30)，天數病假 + 事假 (P3/2+Q3)，由於薪資金額必須為整數，
因此加上 ROUND 函數四捨五入到整數位。

5 由於自行提撥退休金為免稅，必
須要從薪資總額中扣除。計算自
行提撥退休的部分，選取 I3 儲存
格，輸入公式「=VLOOKUP($C3,
自行提撥表 ,7,0)*VLOOKUP($C3,
自行提撥表 ,8,0)」，也就是「退
休金提撥登記表」工作表中的
「月提撥工資 * 自行提撥率」。

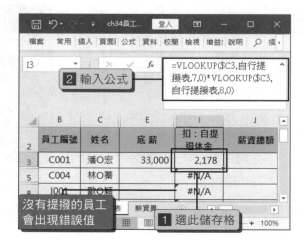

6 但不是每個員工都自願提撥，所以參照退休金提撥登記表時，可能找不到相符合的員工姓名，因此使用 IFNA 函數避免公式出現錯誤值，修改公式為「=IFNA(VLOOKUP($C3, 自行提撥表 ,7,0)*VLOOKUP($C3, 自行提撥表 ,8,0),0)」，就是當 IFNA 函數傳回錯誤值時，就顯示 0 值，否則就直接顯示公式計算出的值。

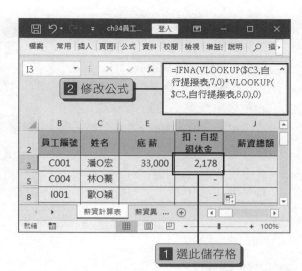

操作 MEMO　**IFNA 函數**

說明：如果公式傳回 #N\A 錯誤值，就傳回指定的值，否則傳回公式的結果。

語法：IFNA(value, value_if_na)

引數：・Value（必要）。檢查此引數是否有 #N\A 錯誤值。

　　　　・Value_if_na（必要）。若是 #N\A 錯誤值時要傳回的值。

7 最後計算薪資總額，也就是不含代扣費用，實際作為申報所得稅的金額。選取 J4 儲存格，輸入公式「=E3+F3+G3-H3-I3」， 最後將薪資公式複製到下方儲存格並在小計列加上自動加總的公式。

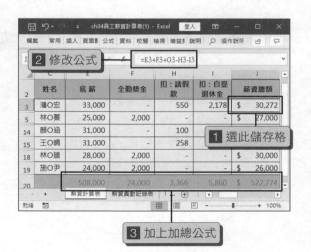

8 再來計算代扣所得稅的金額。依據薪資所得扣繳表，原則上單身者單月薪資未滿 84,500 元，不需要代扣所得稅，而有一位扶養親屬的單月薪資更要達到 92,000，才需代扣所得稅。選取 K3 儲存格，輸入完整公式「=VLOOKUP(J3, 薪資所得扣繳表 ,VLOOKUP($B3, 調薪記錄 ,10,0)+2)」

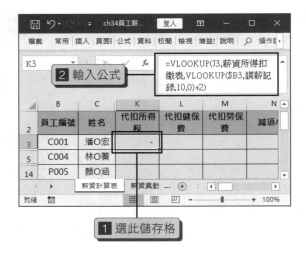

公式說明

代扣所得稅公式主要分成兩個 VLOOKUP 函數：

A. 依據員工編號參照調薪記錄中，該員工扶養的人數「VLOOKUP($B3, 調薪記錄 ,10,0)」。

B. 再依據薪資總額去參照薪資所得扣繳表中，應扣繳的金額「VLOOKUP(J3, 薪資所得扣繳表 , 扶養人數 +2)」。

雖然兩個都是 VLOOKUP 函數，但是員工編號要找到完全符合的資料，因此第 4 個引數要設定為 0（FALSE），薪資總額則可省略。

---

9 代扣勞保費公式與代扣健保費相似，但是勞保沒有扶養親屬或眷屬人數的問題，所以先介紹計算代扣勞保費。請選取 M3 儲存格，並輸入公式「=VLOOKUP(INDEX(勞保月投保薪資 ,MATCH($E3, 勞保月投保薪資 ,1)+1), 勞保級距表 ,2,0)」。

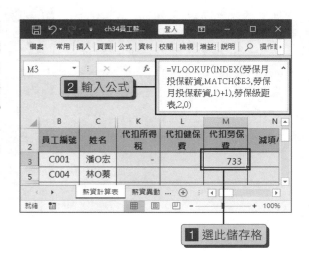

由於勞健保費是依照投保金額為計算基準，因此要依照底薪去參照月投保金額，但投保金額不得低於實際薪資。

A. 先用 MATCH 找到月投保金額中，最接近底薪的投保金額所代表的儲存格列號 MATCH($E3, 勞保月投保薪資 ,1)，參照出在第 9 列。

B. 再使用 INDEX 函數，找出月投保金額中，最接近列號的下一列，所代表的金額。 INDEX(勞保月投保薪資 ,MATCH($E3, 勞保月投保薪資 ,1)+1)，參照出月投保金額為 31,800 元。

C. 最後使用 VLOOKUP 函數從勞保級距表中找到第 2 欄對應的員工負擔的勞保費。

10 然後計算代扣健保費的金額。選取 L3 儲存格，輸入完整公式「=VLOOKUP(INDEX(健保月投保薪資 ,MATCH($E3, 健保月投保薪資 ,1)+1), 健保級距表 ,VLOOKUP ($B3, 調薪記錄 ,11,0)+2,0)」。

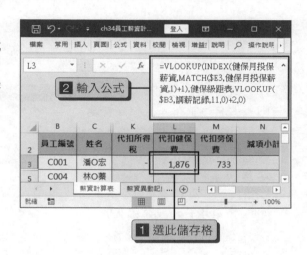

A. 先參照到健保每月投保薪資，公式為「INDEX(健保月投保薪資 ,MATCH($E3, 健保月投保薪資 ,1)+1)」，參照出月投保金額也是 31,800 元。

B. 接著依照員工編號參照調薪記錄中，健保眷保的人數。公式為「VLOOKUP($B3, 調薪記錄 ,11,0)」，參照出來是 3 人，但是健保級距表中，眷口數 3 人的健保費在第 5 欄，因此要依「眷口數 +2」才是要參照的欄數。

C. 最後依照每月的投保薪資，參照健保級距表中，應負擔的健保金額，「=VLOOKUP(31800, 健保級距表 ,3+2,0)」

11 最後計算減項金額小計。選取 N3 儲存格，執行「自動加總」指令，加總範圍「K3:M3」儲存格，使公式為「=SUM(K3:M3)」，並將 K3:N3 儲存格範圍所有公式複製到下方儲存格。

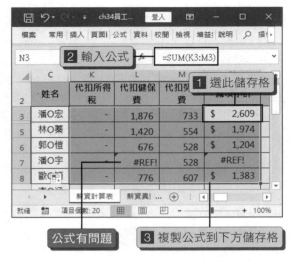

12 注意到 L7 儲存格出現錯誤值，原因是該名員工有 4 名健保眷屬，但現行法令只需收 3 名眷保的費用，超過的眷口數則不計費，因此要加上 IF 函數來判定。修改 L3 儲存格公式為「=VLOOKUP(INDEX(健保月投保薪資 ,MATCH($E3, 健保月投保薪資 ,1)+1), 健保級距表 ,IF(VLOOKUP($B3, 調薪記錄 ,11,0)+2>3,5,VLOOKUP($B3, 調薪記錄 ,11,0)+2),0)」，將公式重新複製到下方儲存格，L7 儲存格則正常運算。

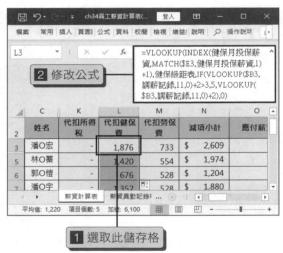

公式說明

使用 IF 函數判斷眷口數「VLOOKUP($B7, 調薪記錄 ,11,0)」若大於 3，則只要顯示數值「5」；否則就顯示「VLOOKUP($B7, 調薪記錄 ,11,0)+2」的值。修改眷口數該部分公式為「IF(VLOOKUP($B7, 調薪記錄 ,11,0)>3,5, VLOOKUP($B7, 調薪記錄 ,11,0)+2)」。

13 該給的、該扣的都算好了，剩下就是應付薪資。選取 O3 儲存格，輸入公式「=J3-N3」計算出應付薪資。最後將所有公式複製到下方儲存格，並在最後一列加上小計的公式即完成員工薪資計算表。

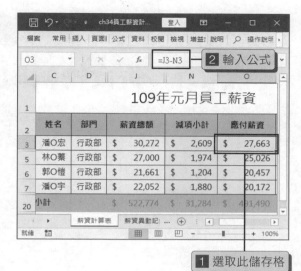

1 選取此儲存格

操作 MEMO　**INDEX 函數**

說明： 傳回根據欄列號碼所選取之表格或陣列中的值。

語法： INDEX(array, row_num, [column_num])

引數： ・Array（必要）。這是儲存格範圍或常數陣列。如果 array 只包含單列或單欄，則相對應的 Row_num 或 Column_num 引數必須二選一。

　　　　・Row_num（必要）。選取陣列中傳回值的列。

　　　　・Column_num（選用）。選取陣列中傳回值的欄。

操作 MEMO　**MATCH 函數**

說明： 搜尋儲存格範圍中的指定項目，並傳回該項目於該範圍中的相對位置。

語法： MATCH(lookup_value, lookup_array, [match_type])

引數： ・Lookup_value（必要）。指在 lookup_array 中比對的值。可以是數字、文字、邏輯值或儲存格位置。

　　　　・Lookup_array（必要）。搜尋的儲存格範圍。

　　　　・Match_type（選用）。預設值是 1。

單元 **35** 薪資轉帳明細表

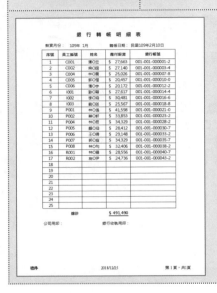

薪資計算完成之後，就要準備發薪水囉！現在絕大部分的公司都採取薪資轉帳，有些銀行會有專屬的轉帳系統，會計人員只要登打後，就可以列印轉帳明細表，連同媒體檔一併交由銀行人員處理。部分銀行可以接受自行製作的轉帳明細表，不管哪一種，都需要列印 2 份，一份交由銀行進行轉帳，一份則由銀行蓋收執章後，由公司保存，若有帳務問題，才有核對的依據。

範例步驟

1 辦理薪資轉帳時，明細表中的數字都已經確認，為避免薪資金額因不確定因素，造成公式參照錯誤而變動，因此利用剪貼簿功能，將公式變成數值。請開啟「Excel 範例檔」資料夾中的「Ch35 薪資轉帳明細表 (1).xlsx」，切換到「薪資計算表」工作表。選取 B3:C19 儲存格範圍，切換到「常用」功能索引標籤，在「剪貼簿」功能區中，執行「複製」指令。

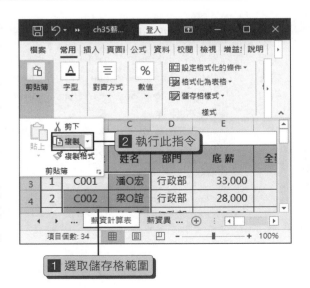

2 切換回「薪資轉帳明細表」工作
表，選取 C4 儲存格，在「剪貼
簿」功能區中，執行「貼上」指
令。

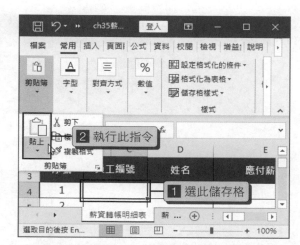

3 因為目的工作表中的「員工編
號」欄位是由 2 欄合併而成，因
此來源複製的 2 欄，就會被貼在
「員工編號」。選取 C4:C20 儲存
格範圍，直接拖曳選取的儲存格
到 D4:D20 儲存格。

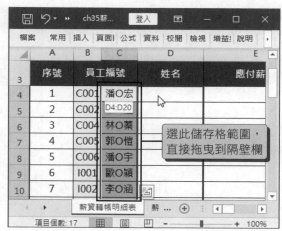

4 接著選取 B4:C20 儲存格範圍，
在「對齊方式」功能區中，按下
「跨欄置中」清單鈕，執行「合
併同列儲存格」指令。

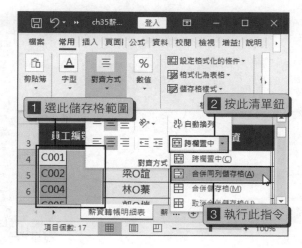

5 繼續選取 B4:C20 儲存格範圍，在
「字型」功能區中，按下 田 ▼
「框線」清單鈕，執行「所有框
線」指令，將合併後的框線補齊。

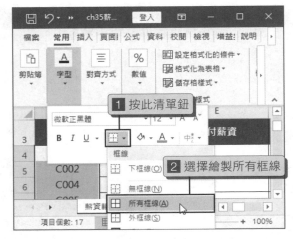

6 切換到「薪資計算表」工作表，
選取 O3:O19 儲存格範圍（應付
薪資），按滑鼠右鍵開啟快顯功能
表，執行「複製」指令。

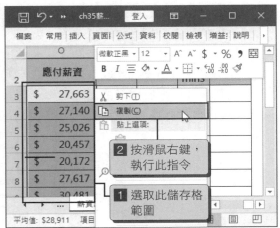

7 切換回「薪資轉帳明細表」工作
表，選取 E4 儲存格，在「剪貼
簿」功能區中，按下「貼上」清
單鈕，執行 「貼上值與數字格
式」指令。

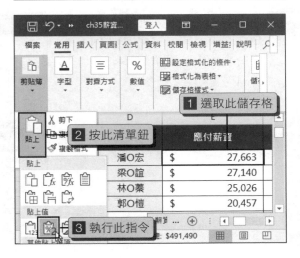

8 有了名字以及薪資，接下來只要有銀行帳號就可以轉帳。大部份的銀行帳號都是「0」開頭，因此要針對銀行帳號設計專屬的儲存格格式，以免 Excel 自動將 0 值取消。請選取 F3 儲存格，先輸入公式「=VLOOKUP(B4, 調薪記錄 ,12,0)」，依照員工編號參照薪資異動記錄中的銀行帳號。

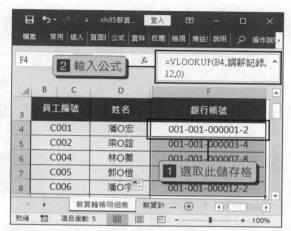

9 接著依照薪資月份，自動顯示轉帳日期，假設發薪日為 10 號。選取 F2 儲存格，切換到「公式」功能索引標籤，在「函數庫」功能區中，按下「日期及時間」清單鈕，執行插入「DATE」函數。

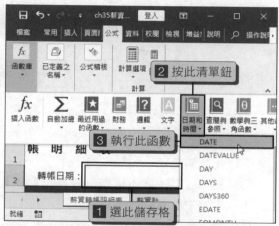

10 分別在 Year 引數輸入「C2+ 1911」，換成西元年；Month 引數輸入「D2+1」，為所得薪資的次月；Day 引數直接輸入「10」，也就是 10 號。輸入完成按「確定」鈕。完整公式為「=DATE(C2+1911, D2+1,10)」。

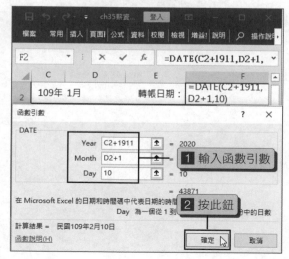

操作 MEMO　**DATE 函數**

說明： 傳回代表特定日期的連續序列值。

語法： DATE(year,month,day)

引數：　・Year（必要）。可以包含一到四位數。建議以西元年為基準，以免錯誤。

　　　　　・Month（必要）。代表全年 1 到 12（一月至十二月）的整數。

　　　　　・Day（必要）。代表整個月 1 至 31 日的整數。

---

11 轉帳明細表內容已經完成，接著就要設定列印時的版面配置。切換到「版面配置」功能索引標籤，按下「版面設定」功能區右下方的 ⊡ 展開鈕。

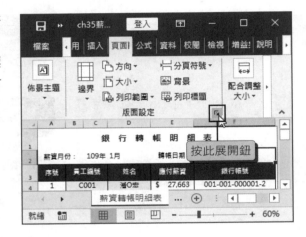

12 開啟「版面設定」對話方塊，先切換到「邊界」索引標籤，勾選「水平置中」置中方式，邊界則採用標準樣式。

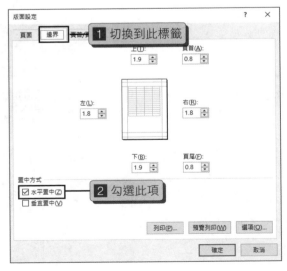

13 切換到「頁首 / 頁尾」索引標籤，先在頁尾中選擇「密件 ,2018/12/25, 第 1 頁」項目，為求慎重起見，再按下「自訂頁尾」鈕，增加顯示總頁數。

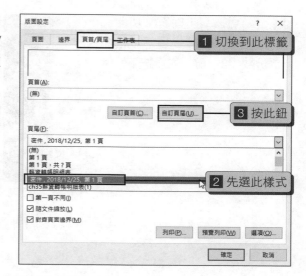

14 另外開啟「頁尾」對話方塊，在「第 &[頁碼] 頁」後方，再加上「, 共 &[總頁數] 頁」字樣，其中 [總頁數] 只要按上方 📋「插入頁數」功能鈕即可加入，輸入完成後，按「確定」鈕即可。

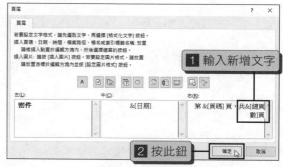

15 最後切換到「工作表」索引標籤，設定跨頁標題列 $1:$3（本範例為跨頁可省略），勾選「儲存格單色列印」列印選項，按下「預覽列印」鈕。

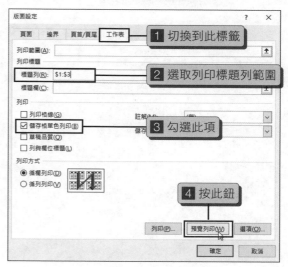

16 自動切換到「檔案」功能視窗下
的「列印」標籤項下，選擇列印
份數「2」份，最後按下「列印」
鈕。

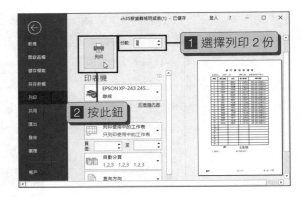

單元 36　健保補充保費計算表

二代健保上路之後，補充保費的問題真讓人頭疼，光了解哪些狀況需要扣繳補充保費就令人摸不著頭緒，更何況「全年累計超過投保金額 4 倍部分的獎金」的記錄和計算問題，更讓人傷透腦筋，那我們就針對獎金這個部分來處理吧！

範例步驟

1 依照規定補充保險費單次給付獎金未達者 20,000 元時，不扣補充保費；但逾當月投保金額四倍部分之獎金不論是否低於 20,000 元，須全額計收補充保險費。請開啟範例檔「Ch36 健保補充保費計算表 (1).xlsx」，切換到「補充保費計算表」工作表。選取 E3 儲存格，輸入公式「=D3*4」，計算 4 倍投保金額。

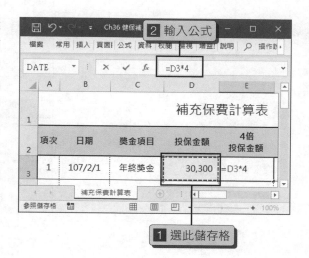

2 選取 G3 儲存格，輸入公式「=SUM($F$3:F3)」，計算累計獎金金額。我們將加總範圍的開始固定為絕對位置 F3 儲存格，結束為浮動的相對位置 F3 儲存格，當公式向下複製時，只有結束位置會變動，這樣就可以計算累計獎金金額。

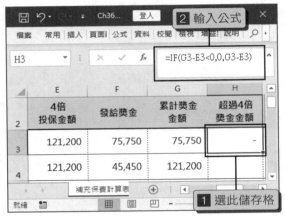

3 選取 H3 儲存格，輸入公式「=IF(G3-E3<0,0,G3-E3)」，計算累計獎金超過 4 倍月投保金額的差異數，當差異數為負數時，則以「0」值顯示。

4 選取 I3 儲存格，切換到「公式」功能索引標籤，在「函數庫」功能區中，按下「自動加總」清單鈕，執行插入「最小值」函數，計算補充保費基數。

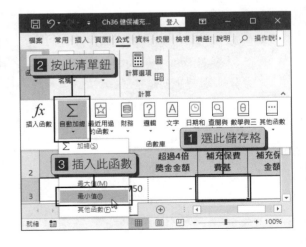

5 MIN 函數自動出現引數「D3:H3」，先按下鍵盤【Del】鍵，將預設引數刪除；再按下鍵盤【Ctrl】鍵，分別選取「F3」及「H3」儲存格，作為 MIN 函數新的引數；最後按下資料編輯列上的 ✔「輸入」鈕。完整公式為「=MIN(F3, H3)」，公式的意思是在「發給獎金」及「超過 4 倍獎金金額」兩者之間取最小值，作為補充保費基數。

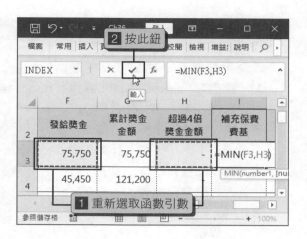

6 依照補充保費基數乘上目前補充保費費率，計算應扣繳的補充保費。選取 J3 儲存格，輸入公式「=I3*$J$1」，記得要將目前費率的 J1 儲存格變成絕對位置。（或是另外定義 J1 儲存格為「目前費率」範圍名稱）

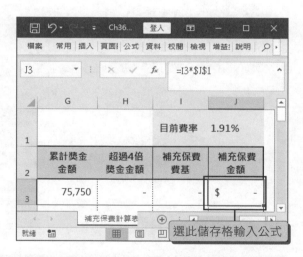

7 獎金指所得稅法規定的薪資所得項目，且未列入投保金額計算之具獎勵性質之各項給予，如年終獎金、三節獎金、紅利等。像補助性質的結婚補助、教育補助費、旅遊補助、喪葬補助、學分補助、醫療補助、保險費補助、交際費、差旅費、差旅津貼、慰問金、補償費等…，則不列入扣繳補充保險費獎金項目。

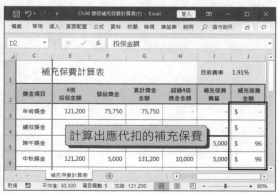

8　補充保費計算表看似方便，但是
　　公司要管理的不只一人，此時可
　　以利用計算表公式加以發揚光
　　大。請開啟範例檔「Ch36 健保
　　補充保費計算表 (2).xlsx」，切換
　　到「補充保費記錄表」工作表，
　　已經利用小計功能加上計算表公
　　式，製作成補充保費記錄表。假
　　設公司加發中秋節獎金，若要新
　　增資料，請先切換到「資料」功
　　能索引標籤，在「大綱」功能區
　　中，執行「小計」指令。

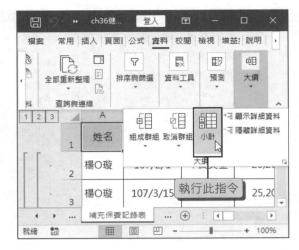

9　開啟「小計」對話方塊，按下「全
　　部移除」鈕，取消小計功能。

10　切換到「中秋獎金」工作表，選
　　取 A2:F5 儲存格範圍，按下滑鼠
　　右鍵開啟快顯功能表，執行「複
　　製」指令。

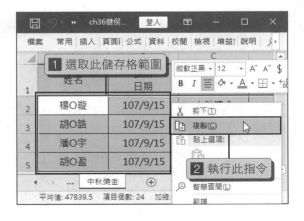

11 在切換回「補充保費記錄表」工作表，選取 A14 儲存格，按滑鼠右鍵開啟快顯功能表，執行「貼上」指令複製秋節獎金資料。

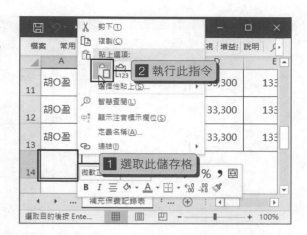

12 接著選取 A1 儲存格，切換到「資料」功能索引標籤，在「排序與篩選」功能區中，按下 ⇅「從 A 到 Z 排序」圖示鈕。（也就是依姓名重新排序）

13 所有獎金資料依照「姓名」重新排序完成。再次執行「小計」指令。

14 開啟「小計」對話方塊，新增小
數位置中勾選「發給獎金」，按下
「確定」鈕。

15 重新計算小計欄位。由於新增
資料沒有套用公式，因此選取
G4:J4 儲存格範圍，使用拖曳的
方式複製公式到下一列。

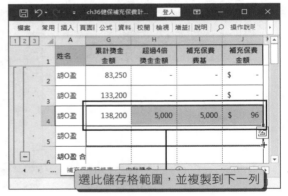

16 最上方一位員工的資料及公式都
已經齊全。選取 G2:J6 儲存格範
圍，使用拖曳的方式，複製公式
到下方其他員工的儲存格。

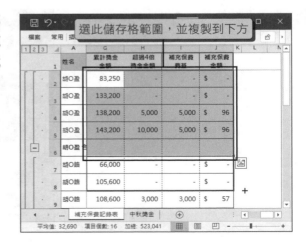

17 所有員工的補充保費資料都已經
計算完成，最後再整理一下儲存
格格式比較美觀。

那麼中秋節獎金到底有誰要繳交
補充保費呢？這時候就利用篩選
功能來看看。選取 A1 儲存格，
切換到「資料」功能索引標籤，
在「排序與篩選」功能區中，執
行「篩選」指令。

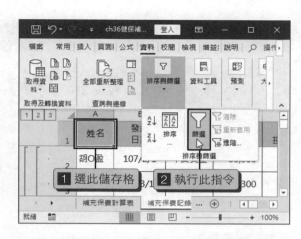

18 標題列上出現篩選清單鈕，按下
「獎金項目」篩選鈕，選擇「中秋
獎金」項目，按下「確定」鈕。

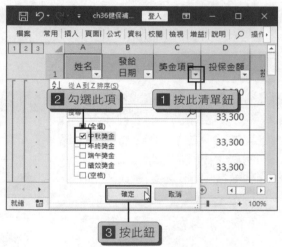

19 原來中秋獎金全部的人都要繳健
保補充保費，還好金額都不高。

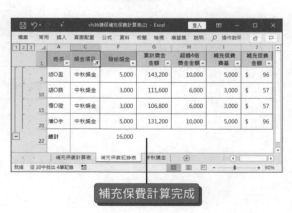

補充保費計算完成

單元 37 應收帳款月報表

應收帳款明細表

編表月份：9月份

統一編號	公司名稱	銷貨金額	收款金額
44998878	美家資訊有限公司	$0	$134,340
77889922	奇宏貿易有限公司	$894,760	$0
36119988	米希企業股份有限公司	$267,360	$78,790
84792992	奇莎企業股份有限公司	$833,630	$0
44783479	承峰貿易股份有限公司	$1,637,840	$23,230
78984367	家碩科技股份有限公司	$294,580	$284,790
84666722	伊德資訊股份有限公司	$941,060	$78,940
41937489	吾思企業股份有限公司	$404,510	$339,770
73819788	權毅資訊股份有限公司	$381,280	$0
14279278	鼎太股份有限公司	$639,770	$0
35213442	隆峰企業股份有限公司	$81,340	$0
	總計	$6,376,130	$939,860

製造、銷售貨品之後，就輪到應收帳款的管理，不妨建立應收帳款資料庫，以便隨時掌握帳款的狀況。利用應收帳管資料庫，可以製作各月份應收帳款明細表，了解該月份新增或減少應收帳款的情形。

範例步驟

1 有些時候日期的格式會影響公式設定的複雜度，必要時要改變日期的顯示方式。請開啟「Excel 範例檔」資料夾中的「Ch37 應收帳款月報表 (1).xlsx」，切換到「應收款資料」工作表。選取整欄 A:C，切換到「常用」功能索引標籤，在「儲存格」功能區中，按下「插入」清單鈕，執行「插入工作表欄」指令。

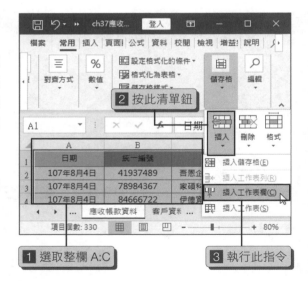

2 新增 3 欄，按下 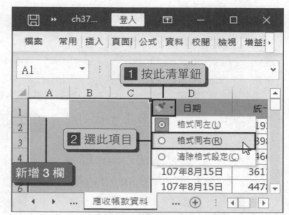 智慧標籤鈕，
暫時選擇「格式同右」，只需要相
同的填滿及框線格式，至於數值
格式稍後再變更。

3 分別在 A1:C1 儲存格輸入「年」、
「月」和「日」的標題文字。選
取 C2 儲存格，切換到「公式」
功能索引標籤，在「函數庫」功
能區中，按下「日期及時間」清
單鈕，執行「DAY」指令。

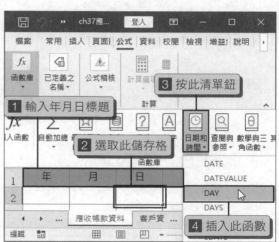

4 開啟 DAY「函數引數」對話方塊，
在 Serial_number 引數中選取
「D2」儲存格，按下「確定」
鈕。完整公式為「=DAY(D2)」。

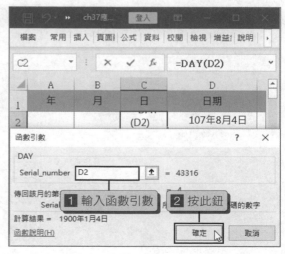

操作 MEMO　**DAY 函數**

說明： 傳回指定日期的日數。（日數為 1-31）
語法： DAY(serial_number)
引數： ・Serial_number（必要）。要傳回的指定日期。

5 選取 B2 儲存格，按下「日期及時間」清單鈕，執行「MONTH」指令。開啟 MONTH「函數引數」對話方塊，在 Serial_number 引數中一樣選取「D2」儲存格，按下「確定」鈕。完整公式為「=MONTH(D2)」。

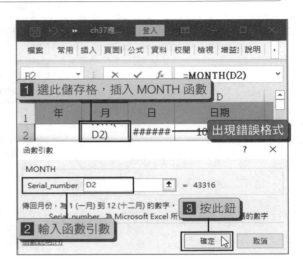

操作 MEMO　**MONTH 函數**

說明： 傳回指定日期的月份。（月份為 1-12）
語法： MONTH(serial_number)
引數： ・Serial_number（必要）。要傳回的指定日期。

6 選取 A2 儲存格，再次按下「日期及時間」清單鈕，執行「YEAR」指令。開啟 YEAR「函數引數」對話方塊，在 Serial_number 引數中仍然選取「D2」儲存格，按下「確定」鈕。完整公式為「=YEAR(D2)」。

操作 MEMO　**YEAR 函數**

說明： 傳回指定日期的年份。（年份會傳回成 1900-9999 範圍內的整數）

語法： YEAR(serial_number)

引數： ‧ Serial_number（必要）。要傳回的指定日期。

---

7 但是 A1 儲存格會顯示西元年，若要顯示國曆年，就要減除「1911」。將游標插入點移到 YEAR 公式後方，繼續輸入公式「-1911」，按鍵盤【Enter】鍵完成輸入。完整公式為「=YEAR(D2)-1911」。

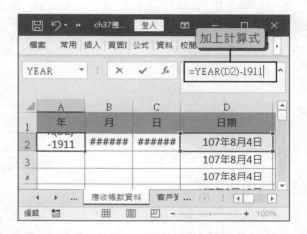

8 選取整欄 A:C，切換到「常用」功能索引標籤，按下「數值格式」的清單鈕，選擇「一般」數值格式。

9 年月日可以正常顯示。選取 A2:C2 儲存格，使用拖曳方式複製公式到 A110:C110 儲存格範圍。由於儲存格內還是公式，為了讓往後能長久使用，必須將公式轉換成數值。選取 A2:C110，按滑鼠右鍵開啟快顯功能表，執行「複製」指令。

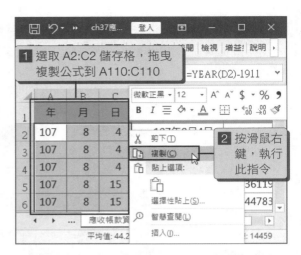

10 重新選取 A2 儲存格，按滑鼠右鍵開啟快顯功能表，執行「貼上值」指令。

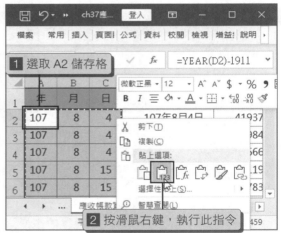

11 此時原日期欄 D 可以功成身退。選取整欄 D，切換到「常用」功能索引標籤，在「儲存格」功能區中，按下「刪除」清單鈕，執行「刪除工作表欄」指令。

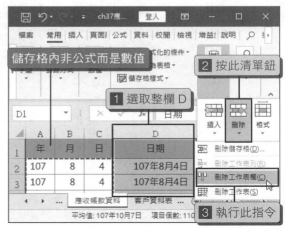

12 切換到「應收帳款明細表」，選取 A2 儲存格，按滑鼠右鍵開啟快顯功能表，執行「儲存格格式」指令。

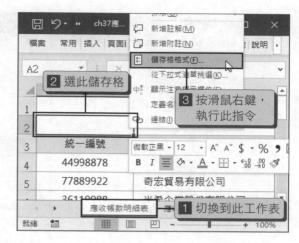

13 開啟「儲存格格式」對話方塊，切換到「數值」索引標籤，選擇「自訂」類別，將游標插入點移到類型「G/ 通用格式」前方，輸入新增文字「" 報表月份："」，然後將游標插入點移到「G/ 通用格式」後方，繼續輸入新增文字「" 月份 "」，輸入完按下「 確定」鈕。完整的類型顯示為「" 報表月份："G/ 通用格式 " 月份 "」。

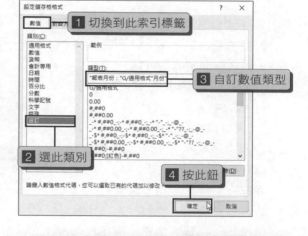

14 回到工作表，在 A2 儲存格輸入數字「9」，儲存格會顯示「報表月份：9 月份」。

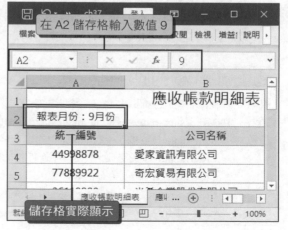

15 選取 C4 儲存格，切換到「公式」功能索引標籤，在「函數庫」功能區中，按下「數學與三角函數」清單鈕，執行插入「SUMIFS」函數。

16 另外開啟 SUMIFS「函數引數」對話方塊。Sum_range 引數輸入「應收帳款資料 !G:G」，Criteria_range1 引數輸入「應收帳款資料 !$B:$B」，Criteria1 引數輸入「$A$2」，Criteria_range2 引數輸入「應收帳款資料 !$D:$D」，Criteria2 引數輸入「$A4」，輸入完按下「確定」鈕。也就是在應收帳款資料中，找到符合指定月份及統一編號的銷售金額相加起來。完整公式為「=SUMIFS(應收帳款資料 !G:G, 應收帳款資料 !$B:$B,$A$2, 應收帳款資料 !$D:$D,$A4)」。

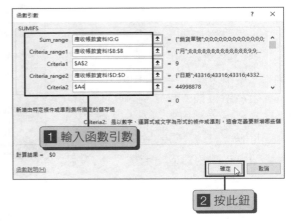

操作 MEMO **SUMIFS 函數**

說明： 將範圍中符合多個準則的儲存格相加。

語法： SUMIFS(sum_range, criteria_range1, criteria1, [criteria_range2, criteria2], ...)

引數：
- Sum_range（必要）。要計算加總的儲存格範圍。
- Criteria_range1（必要）。第一個條件值的篩選範圍。
- Criteria1（必要）。第一個條件值。
- Criteria_range2, criteria2, …（選用）。其他篩選範圍及其相關條件。最多允許 127 組範圍 / 準則。

17 C4 儲存格出現 0 值，不是公式有誤，而是沒有相關的加總數值。將 C4 儲存格公式複製到 D4 儲存格，再將 C4:D4 儲存格公式向下複製到 C14:D14 儲存格範圍。

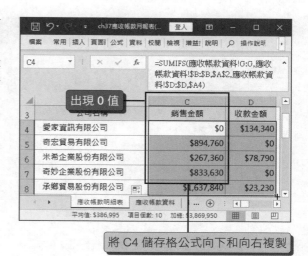

18 最後計算總計金額。選取 C15 儲存格，切換到「公式」功能索引標籤，在「函數庫」功能區中，按下「自動加總」清單鈕，執行「加總」指令，選取加總範圍「C4:C14」，按下鍵盤【Enter】鍵。

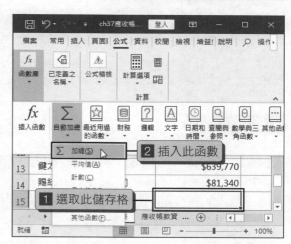

19 再將 C15 儲存格公式複製到 D15 儲存格即完成應收帳款月報表。

範例檔案：Excel 範例檔 \Ch38 應收帳款對帳單

單元 38 應收帳款對帳單

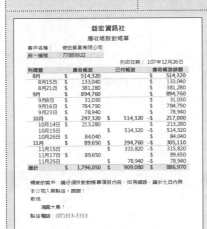

當應收資料庫建立後，可以善加利用資料庫的內容，每個月製作應收帳款對帳單寄發給客戶，確保應收帳款正確無誤，也順便提醒客戶還有多少帳款尚未付清。

範例步驟

1 請開啟「Excel 範例檔」資料夾中的「Ch38 應收帳款對帳單 (1).xlsx」，選擇「應收帳款資料」工作表，切換到「插入」功能索引標籤，在「表格」功能區中，執行「樞紐分析表」指令。

2 開啟「建立樞紐分析表」對話方塊，設定內容使用預設值，按「確定」鈕。

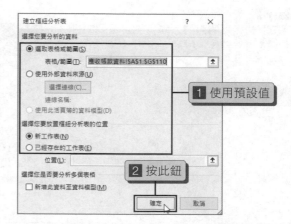

3 開啟新工作表包含空白的樞紐分析表及「樞紐分析表欄位」工作窗格。使用拖曳的方式將「日期」欄位拖到「列」區域。

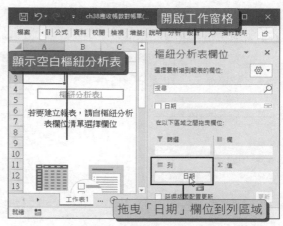

4 工作表會同步顯示版面配置的變化。將「統一編號」欄位拖曳到「篩選」區域；「銷貨總額」拖曳到「Σ值」區域。按下「計數 - 銷貨總額」欄位名稱旁的功能清單鈕，執行「欄位設定」指令。

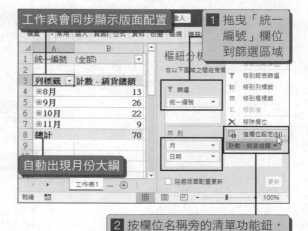

TIPS

按下列標籤的旁的大綱符號可看到該月
份的明細資料。

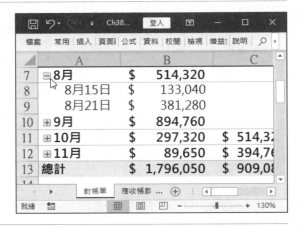

5 開啟「值欄位設定」對話方塊。
選擇「加總」計算類型，按下
「數值格式」鈕變更數值格式。

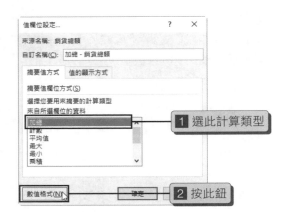

6 另外開啟「設定儲存格格式」對
話方塊，選取「會計專用」類
別，設定格式為「0」小數位數，
符號顯示為「$」，按下「確定」
鈕。

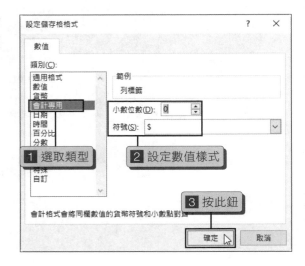

7 回到「值欄位設定」對話方塊，
輸入自訂名稱「應收帳款」，按下
「確定」鈕。

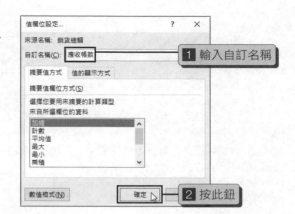

8 依相同方式將「已付金額」拖曳
到「Σ 值」區域後，按下「計
數 - 已付金額」欄位名稱旁的功
能清單鈕，執行「欄位設定」指
令，同樣選擇「加總」計算類
型，並變更數值格式，最後輸入
自訂名稱「已付帳款」，按下「確
定」鈕。

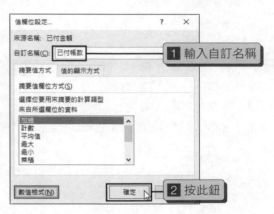

9 增加應收帳款餘額的計算欄位。
切換到「樞紐分析表工具 \ 分
析」功能索引標籤，在「計算」
功能區中，按下「欄位、項目和
集」清單鈕，執行「計算欄位」
指令。

10 開啟「插入計算欄位」對話方塊，輸入名稱「餘額」及公式「= 銷貨總額 - 已付金額」，按下「新增」鈕新增欄位名稱後，再按「確定」鈕。

TIPS

在「插入計算欄位」對話方塊中輸入公式時，不需要輸入計算的欄位名稱，只需要快按下方「欄位」處的欄位名稱 2 下，就會出現在公式中。

11 回到工作表選擇剛加入的計算欄位「加總 - 餘額」的標題儲存格，在「作用中欄位」功能區中，執行「欄位設定」指令。

12 開啟「值欄位設定」對話方塊，輸入自訂名稱「應收帳款餘額」，確認計算類型和數值格式後，按「確定」鈕。

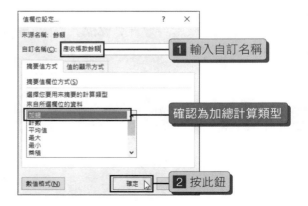

13 先將工作表標籤重新命名為「對帳單」，選取整列 1:3，按滑鼠右鍵開啟快顯功能表，執行「插入」指令。

14 新增 3 列空白列，輸入公司名稱及報表名稱。選取 B3 儲存格，切換到「公式」功能索引標籤，在「函數庫」功能區中，按下「查閱與參照」清單鈕，執行「VLOOKUP」指令。

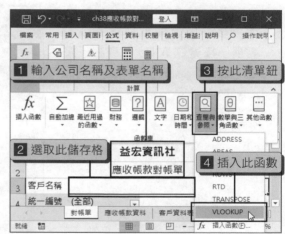

15 開啟 VLOOKUP「函數引數」對話方塊，在 Lookup_value 引數中選取「B4」儲存格，在 Table_array 引數中選取「統一編號」儲存格範圍，，在 Col_index_num 引數中輸入「3」，最後在 Rrange_lookup 引數中輸入「0」，按下「確定」鈕。就是找到統一編號所代表的公司名稱。完整公式為「=VLOOKUP(B4,統一編號,3,0)」。

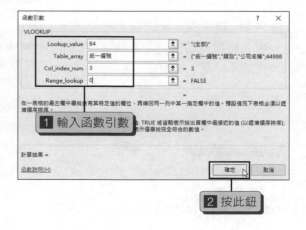

16 回到工作表中，按下「統一編號」欄位標題旁的篩選鈕，選擇其中的統一編號，按「確定」鈕。

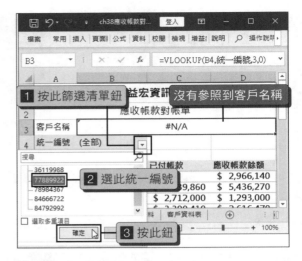

17 客戶名稱中會顯示對應的公司名稱。接著選取 D5 儲存格，按下「日期與時間」清單鈕，執行「NOW」指令。

18 開啟 NOW「函數引數」對話方塊，由於此函數不需要隱數，直接按下「確定」鈕。

操作 MEMO NOW 函數

說明： 傳回目前日期和時間的序列值。

語法： NOW()

引數： ・NOW 函數語法沒有任何引數。

19 日期處會顯示電腦系統當天的日期。切換到「插入」功能索引標籤，在「圖例」功能區中，按下「圖案」清單鈕，執行 「文字方塊」指令。

20 當游標變成符號↓，按住滑鼠左鍵，使游標變成 ＋ 符號，在報表下方拖曳繪製出文字方塊。

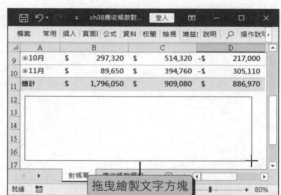

21 在文字方塊中輸入要傳達給客戶訊息。選取文字方塊，切換到「繪圖工具＼設計」功能索引標籤，在「圖案樣式」功能區中，按下「圖案外框」清單鈕，執行「無外框」指令。

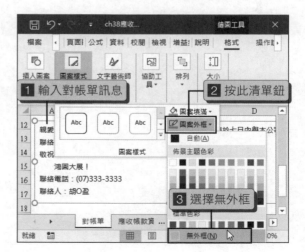

PART 2 Excel 財務試算

22 文字方塊與工作表間沒有界線。最後隨著表格長短移動文字方塊位置即可。

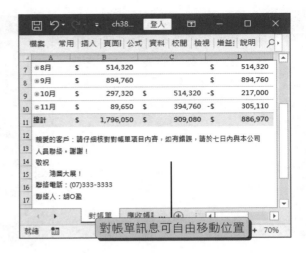

對帳單訊息可自由移動位置

	A	B	C	D
7	⊞8月	$ 514,320		$ 514,320
8	⊞9月	$ 894,760		$ 894,760
9	⊞10月	$ 297,320	$ 514,320	-$ 217,000
10	⊞11月	$ 89,650	$ 394,760	-$ 305,110
11	總計	$ 1,796,050	$ 909,080	$ 886,970

親愛的客戶：請仔細核對對帳單項目內容，如有錯誤，請於七日內與本公司人員聯絡，謝謝！

敬祝

　　鴻圖大展！

聯絡電話：(07)333-3333

聯絡人：胡○盈

範例檔案：Excel 範例檔 \Ch39 應收票據分析表

單元 39　應收票據分析表

應收票據的主要來源為公司提供勞務或商品予買方，買方所開立需於特定日期或時間內，無條件支付一定金額的票據。良好的票據控管，可有效提高公司資金的運轉。收到客戶的票據時，第一步就是記錄客戶名稱、票據號碼、金額、票據到期日等等資料，待票據到期日一到，則拿至銀行兌現，並核銷票據紀錄。往來銀行也提供代收票據服務，可以將近期就要到期的票據先交由銀行保管，就不用擔心票據過期未兌現的問題。

範例步驟

1 請開啟「Excel 範例檔」資料夾中的「Ch39 應收票據分析表 (1). xlsx」，選取 E5:E26 儲存格範圍，切換到「公式」功能索引標籤，在「已定義之名稱」功能區中，執行「從選取範圍建立」指令。

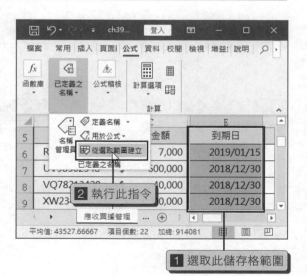

2 執行此指令

1 選取此儲存格範圍

2 開啟「以選取範圍建立名稱」對
話方塊,勾選「頂端列」項,按
「確定」鈕建立範圍名稱。

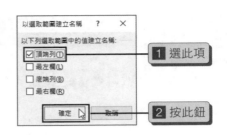

3 上面是我們常見建立範圍名稱的
方法,還有另一種方法也可以建
立範圍名稱。選取 C6:C26 儲存
格,將游標插入點移到資料編輯
列上的方塊名稱,直接輸入「應
收票據金額」,按下鍵盤上的
【Enter】鍵完成輸入及建立範圍
名稱。

4 等一下要計算目前日期與應收票
據到期日之間的天數,因此要設
定系統日期,才能隨時保持最新
的票齡分析。選取 J3 儲存格,
先輸入文字「=n」,此時會出現
N 開頭的函數,選擇「NOW」函
數,快按滑鼠左鍵 2 下插入函數。

5 儲存格內僅顯示函數「NOW(」，未開啟函數引數對話方塊，此時只需按下資料編輯列上的 f_x「函數引數」圖示鈕，就會開啟 NOW「函數引數」對話方塊，由於此函數不需要引數，直接按「確定」鈕。

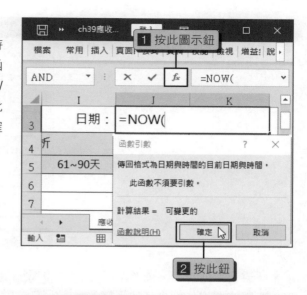

6 重頭戲來了，要輸入不同票齡顯示應收票據金額的公式。選取 F6 儲存格，輸入公式「=IF(到期日="","",IF(到期日 -$J$3<=15, 應收票據金額,""))」，按下鍵盤【Enter】鍵完成輸入。

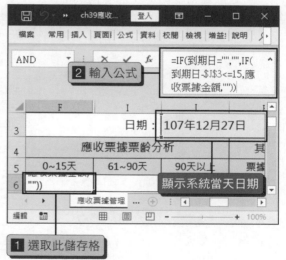

公式說明

公式主要說如果「到期日」是「""」（"" 表示空白），儲存格中則顯示「""」，如果有輸入資料，則計算「到期日 -$J$3」是否小於等於 15」；如果計算結果小於等於 15 天，則顯示「應收票據金額」，如果大於 15，則顯示「""」。

7 F6 儲存格顯示應收票據金額，使用拖曳的方式，將公式複製到 F26 儲存格。

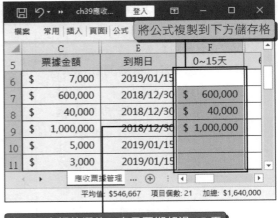

未顯示金額的欄位，表示票期超過 15 天

8 請重複上述步驟，依照下表在相對應的欄位，輸入其他天數的公式。

依照天數輸入公式

天數	儲存格	公式
16~30	G6	=IF(到期日 ="","",IF(AND(到期日 -$J$3>15, 到期日 -$J$3<=30), 應收票據金額 ,""))
31~60	H6	=IF(到期日 ="","",IF(AND(到期日 -$J$3>30, 到期日 -$J$3<=60), 應收票據金額 ,""))
61~90	I6	=IF(到期日 ="","",IF(AND(到期日 -$J$3>60, 到期日 -$J$3<=90), 應收票據金額 ,""))
90 以上	J6	=IF(到期日 ="","",IF(到期日 -$J$3>90, 應收票據金額 ,""))

操作 MEMO　**AND 函數**

說明：來判斷測試中是否所有條件皆為真（TRUE）。

語法： AND(logical1, logical2,……)

引數：・ Logical1（必要）。測試的條件。

　　　　・ Logical2（必要）。Logical3... 以後則為選用項目，最多可測試 255 個條件。

9 接著利用下拉式清單，快速輸入票據狀況，雖然可以利用公式讓票據依照到期日更新最新狀況，但這並不是現實狀況，還是靠人工核對並輸入比較真實。選取 K6 儲存格，切換到「資料」功能索引標籤，在「資料工具」功能區中，按下「資料驗證」清單鈕，執行「資料驗證」指令。

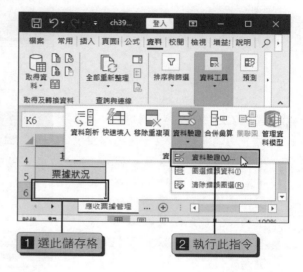

1 選此儲存格　　**2** 執行此指令

10 開啟「資料驗證」對話方塊，在「設定」標籤中設定資料驗證準則。在「儲存格內允許」選項中，按下拉清單鈕選擇「清單」，將游標插入點移到「來源」處，直接輸入「未兌現,代收中,已兌現」三個選項，選項和選項之間用「,」分隔，最後按下「確定」鈕設定完成。

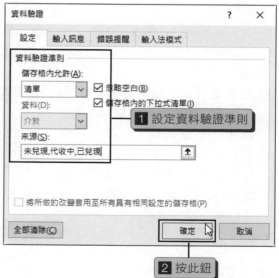

1 設定資料驗證準則

2 按此鈕

11 回到工作表中，K6 儲存格出現下拉式清單鈕。將儲存格驗證準則，使用拖曳的方式複製到下方儲存格。

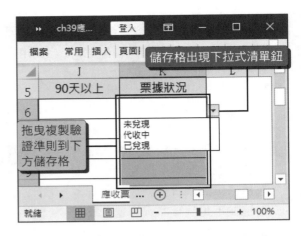

12 選取 C27 儲存格，切換到「常用」功能索引標籤，在「編輯」功能區中，按下「自動加總」清單鈕，執行「加總」指令，由於票據金額已定義範圍為名稱，所以預設的加總範圍顯示為「應收票據金額」，按下鍵盤【Enter】鍵完成公式。

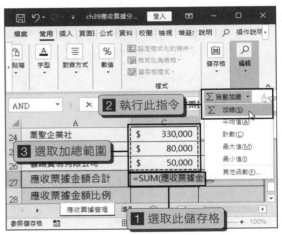

13 接著選取 F27 儲存格，切換到「公式」功能索引標籤，在「函數庫」功能區中，按下「自動加總」清單鈕，執行「加總」指令。選取要加總的儲存格範圍 F6:F26，選取完按下鍵盤【Enter】鍵完成公式。

14 將加總公式複製到右方的儲存格。選取 F28 儲存格，輸入公式「=F27/$C$27」，計算應收票據金額百分比。

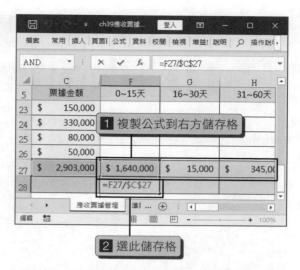

15 將「應收票據金額百分比」公式複製到右方儲存格，完成應收票據分析表。

單元 40　進銷存貨管理表

產品最新存量表

書號	書名	色彩	售價	進貨數量	銷貨數量	存貨數量
F9801001	Flash隨手書	彩色	$ 199	1,400	1,400	-
F9801002	PhotoImpact隨手書	彩色	$ 199	1,200	900	300
F9801003	Dreamweaver隨手書	彩色	$ 199	1,200	900	300
F9801004	美工圖庫大全	彩色	$ 199	1,200	600	600
F9801005	Word隨手書	彩色	$ 199	1,200	600	600
F9801006	Excel隨手書	彩色	$ 199	1,200	600	600
F9801007	PowerPoint隨手書	彩色	$ 199	1,200	600	600
F9801008	Photoshop隨手書	彩色	$ 199	1,200	600	600
H8802021	Office導引圖鑑	黑白	$ 499	900	800	100
H8802022	PhotoShop 導引圖鑑	黑白	$ 499	1,200	1,150	50
H8802023	Word導引圖鑑	彩色	$ 499	1,100	1,050	50
H8802024	EXCEL導引圖鑑	彩色	$ 499	1,200	850	350
H8802025	PowerPoint導引圖鑑	彩色	$ 499	600	550	50
H8802026	Access導引圖鑑	彩色	$ 499	1,200	900	300
F9801009	Word商業文書寶典	黑白	$ 599	1,000	600	400
F9801010	EXCEL財務&成範例書	黑白	$ 599	600	300	300
V9803006	計算機概論	黑白	$ 599	400	360	40
V9803007	資料結構	黑白	$ 599	400	360	40
V9803008	VC++程式設計	黑白	$ 599	400	360	40
V9803009	VB程式設計	黑白	$ 599	900	860	40
V9803010	C語言	黑白	$ 599	400	360	40
V9803011	PHP & My SQL	黑白	$ 599	400	300	100
V9803012	程式設計概論	黑白	$ 599	900	800	100

存貨管理近年來成為買賣業、製造業及流通業的大熱門，各企業針對內部的作業流程，紛紛減少庫存量，以即時的流通系統降低因庫存而產生的各種成本，如倉儲租金、倉儲管理費、滯銷的報廢成本…等。在整體經濟環境不佳的情況下，控制存貨便是控制成本的良方，因為有效的成本控管而使企業具有更強的市場競爭性。

範例步驟

1 請開啟「Excel 範例檔」資料夾中的「Ch40 進銷存貨管理表 (1).xlsx」，切換到「公式」功能索引標籤，在「已定義之名稱」功能區中，執行「名稱管理員」指令，定義「產品資料庫」的範圍名稱。

2 執行此指令

1 在此工作表

2 開啟「名稱管理員」對話方塊，
其中顯示本範例事先已定義的範
圍名稱。按下「新增」鈕，定義
新的範圍名稱。

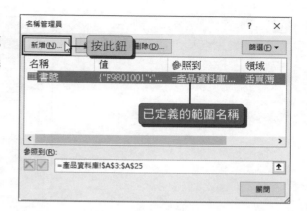

3 另外開啟「新名稱」對話方塊，
輸入名稱「產品資料庫」，按下參
照到的 ⬆ 「摺疊」鈕選擇參照範
圍。

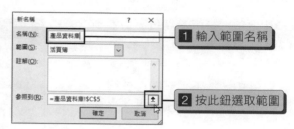

4 選取 A3:D25 儲存格範圍後，按
下 ⬇ 「展開」鈕回到「新名稱」
對話方塊。

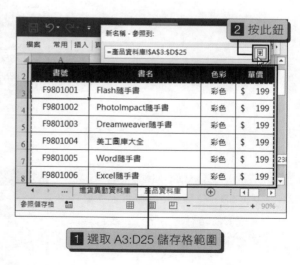

5 再次確認參照範圍後，按下「確
定」鈕回到「名稱管理員」對話
方塊。

6 「名稱管理員」對話方塊中,新增一筆範圍名稱,按下「關閉」鈕回到工作表。

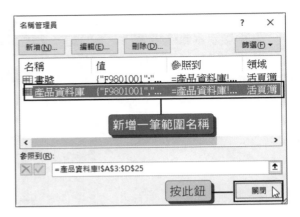

7 定義完參照範圍後,切換到「銷貨異動資料庫」工作表,選擇 C2 儲存格,在「函數庫」功能區中,按下「查閱與參照」清單鈕,執行「VLOOKUP」函數。

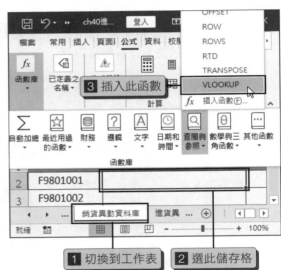

8 開啟 VLOOKUP「函數引數」對話方塊,在 Lookup_value 引數中選取 B2 儲存格;將游標插入點移到 Table_array 引數中,在「已定義之名稱」功能區中,按下「用於公式」清單鈕,執行「產品料庫」指令,插入範圍名稱。

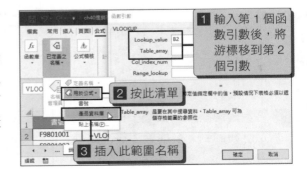

9　繼續在 Col_index_num 引數中輸入「2」；在 Range_lookup 引數數中輸入「0」，輸入完成按下「確定」鈕。完整公式為「=VLOOKUP(B2, 產品資料庫 ,2,0)」。

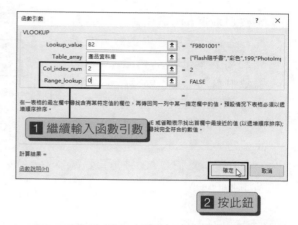

10　書名欄位出現對應的書名。將 C2 儲存格公式複製到下方儲存格。

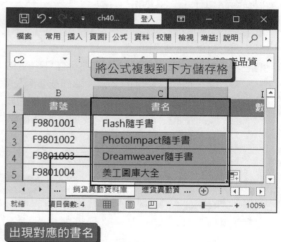

11　計算銷貨和進貨的數量，進而得知最新的庫存量。請切換到「最新存量表」工作表，選取 E3 儲存格，繼續在「函數庫」功能區中，按下「數學與三角函數」清單鈕，執行「SUMIF」指令。

12 開啟 SUMIF「函數引數」對話方塊，在 Range 引數中選取「進貨異動資料庫 !B:D」範圍；Criteria 引數中輸入「A3」儲存格；Sum_range 引數中選取「進貨異動資料庫 !D:D」範圍，輸入完成按下「確定」鈕。完整公式為「=SUMIF(進貨異動資料庫 !B:D,A3, 進貨異動資料庫 !D:D)」。

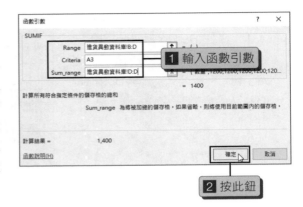

操作 MEMO **SUMIF 函數**

說明： 計算所有符合條件的儲存格總和。

語法： SUMIF(range, criteria, [sum_range])

引數： ・Range（必要）。就是要進行條件篩選的儲存格範圍。範圍中的儲存格都必須是數字，或包含數字的名稱、陣列或參照位置。

　　　・Criteria（必要）。符合要加總儲存格的條件。可能是數字、運算式或文字的形式。

　　　・Sum_range（可省略）。要加總的儲存格範圍。如果省略此引數，Excel 會加總與套用準則相同的儲存格。

---

13 計算完進貨數量後，選取 F3 儲存格，輸入公式「=SUMIF(銷貨異動資料庫 !B:D,A3, 銷貨異動資料庫 !D:D)」計算銷貨數量。

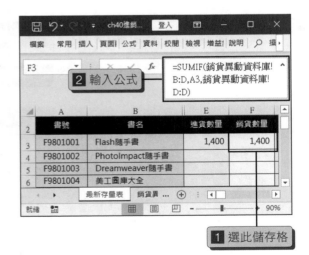

14 接著選取 G 儲存格，輸入公式「=E3-F3」，計算存貨數量。最後選取 E3:G3 儲存格，將公式複製到下方儲存格。

15 最新存量表已經完成，如果再加上提醒低庫存量的圖示就更棒。選取整欄 G，切換到「常用」功能索引標籤，在「樣式」功能區中，按下「設定格式化條件」清單鈕，選擇「圖示集」項下的「三符號（無框）」警示圖示。

16 依照不同的庫存量，給不同的圖示提醒。

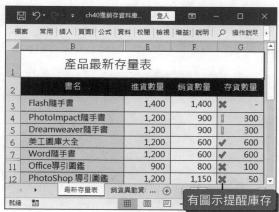

3 PART

PowerPoint 商務簡報

範例檔案：PowerPoint 範例檔 \Ch41 公司簡介

單元 **41** 公司簡介

【完成投影片】

初次和客戶做簡報，為了讓客戶對公司有基本的了解，多數都是由公司簡介開始說明。由於是簡單的報告，只要針對公司的基本資料、營業項目、企業的理念及未來的展望這幾方面來著墨即可。

範例步驟

1 對於設計簡報的新手而言，什麼色彩規劃、版面規劃簡直是外星文，所以 PowerPoint 提供了預設的簡報範本供使用者選擇，使用者只要準備好要簡報的內容，就可以輕鬆完成。首先開啟 PowerPoint 程式，切換到「新增」索引標籤按下「柏林」範本圖示鈕，選擇此範本樣式。

2 另外出現其他顏色配置供使用者選擇，選擇綠色配置，按下「建立」鈕開始建立新的簡報投影片。(如要忽略此步驟，在步驟 1 時，快按滑鼠 2 下選擇簡報範本即可)

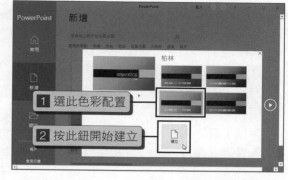

3 此時出現新的投影片，已經套用範本的樣式。按一下預設的標題文字方塊，此時會出現編輯文字游標，直接輸入文字「歡迎光臨」。

4 輸入完成之後，切換到「繪圖工具\格式」功能標籤，在「文字藝術師樣式」功能區中，按下 **A ·**「文字效果」清單鈕，在「轉換」樣式類別項下，選擇「矩形」樣式。

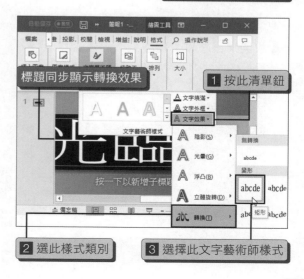

5 標題文字轉換成文字藝術師格
式，會隨著圖形大小，自動調整
文字大小，不受設定字型大小影
響。繼續選擇「歡迎光臨」文字
方塊，先調整文字方塊的大小，
切換到「繪圖工具\格式」功能
標籤，在「大小」功能區域中輸
入寬度「20」公分及高度「5」
公分。

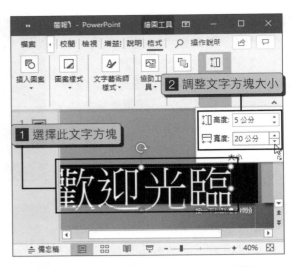

6 將游標移到文字方塊，當游標變
成 符號按住滑鼠左鍵，此時游
標會變成 符號，拖曳文字方塊
到適當位置。

7 放開滑鼠左鍵，切換到「繪圖工
具\格式」功能標籤，在「文字
藝術師樣式」功能區中，按下
「文字效果」清單鈕，在「反
射」樣式類別項下，選擇「緊密
反射：相連」樣式。

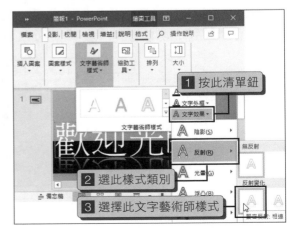

8 按一下副標題文字方塊，輸入副標題文字公司名稱「家碩資訊股份有限公司」，輸入完成後，切換到「常用」功能標籤，在「字型」功能區中，變更文字大小為「40」，並按下 **B**「粗體」及 **S**「陰影」圖示鈕，凸顯公司名稱。

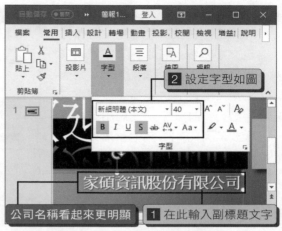

9 繼續設定副標題文字方塊，按下「段落」功能區中的 🔄「對齊文字」清單鈕，選擇「中」的對齊方式，也就是垂直置中於文字方塊中。

10 第一張投影片製作完成，接著第二張投影片若要套用第一張的版面配置，直接複製就好。在縮圖窗格中，選擇第一張投影片縮圖，按下滑鼠右鍵，開啟快顯功能表，執行「複製投影片」指令。

11 在縮圖窗格中，出現第二張投影片縮圖。在投影片 2 中，選擇標題文字方塊，將原有文字修改成「公司簡介」，接著切換到「繪圖工具\格式」功能標籤，在「文字藝術師樣式」功能區中，按下樣式庫旁的 ⊡「其他」清單鈕，執行「清除文字藝術師」指令。

12 拖曳文字方塊到黑色矩形背景圖形（預設位置），切換到「常用」功能索引標籤，在「字型」功能區中，修改字型為「微軟正黑體」、字型大小為「100」，最後在「段落」功能區中，按下 ⊞「分散對齊」圖示鈕，將標題文字分散對齊於文字方塊中。

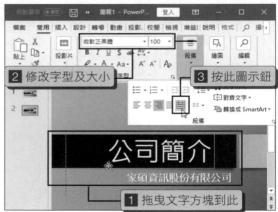

13 接著要插入新的文字方塊，增加公司精神口號。切換到「插入」功能標籤，在「文字」功能區域中，按下「文字方塊」清單鈕，選擇執行「繪製水平文字方塊」指令。

14 在標題文字方塊上方拖曳出新的文字方塊，大小不拘。

15 在新增的文字方塊中輸入文字內容，切換到「常用」功能索引標籤，在「段落」功能區中，執行 ≡「置中」指令。（文字內容可參考範例資料夾「範例文字 .txt」，讀者可剪貼文字練習範例步驟）

16 輸入完文字內容後，切換到「繪圖工具 \ 格式」功能索引標籤，在「文字藝術師樣式」功能區中，按下「文字效果」清單鈕，在「轉換」樣式類別項下，選擇「> 形箭號:向下」樣式。

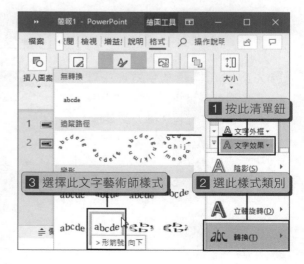

17 繼續修改文字方塊大小，在「大小」功能區中，輸入高度「4」公分，寬度「20」公分，完成第二張投影片。

18 第三張投影片開始要介紹公司基本資料，由於要輸入的文字比較多，因此投影片的版面配置也要做稍許的變更。切換到「常用」功能索引標籤，在「投影片」功能區中，按下「新投影片」清單鈕，選擇新增「標題及內容」投影片。

19 先分別在標題文字方塊中輸入「公司基本資料」，內容方塊中輸入公司基本資料（參考文字檔）。選取標題文字方塊，在「字型」功能區中，修改字型為「微軟正黑體」、大小「60」。

20 選取內容文字方塊，修改字型為「微軟正黑體」、大小「32」。接著改選取方塊內前四行文字，在「段落」功能區中，按下 ≡ ▾「項目符號」清單鈕，選擇「無」項目符號。

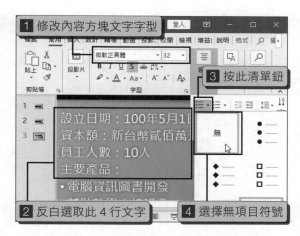

21 產品文字前方增加了項目符號，為了讓文字看起來有層次感，繼續在「段落」功能區中，按下 ≡ 「增加清單階層」圖示鈕，增加產品文字的縮排效果，文字大小也自動變更為「28」。

22 在投影片縮圖窗格中，選取第三張投影片縮圖，切換到「插入」功能索引標籤，在「投影片」功能區中，按下「新投影片」清單鈕，執行「複製選取的投影片」指令。

23 新增第四張投影片。選擇第四張
投影片，將標題文字改成「公司
經營理念」，內容方塊文字也修
改成理念內容。反白選取理念內
容中「智慧財產權」文字，將字
型修改成「粗體」、「斜體」、「陰
影」，並變更文字為標準「黃色」。

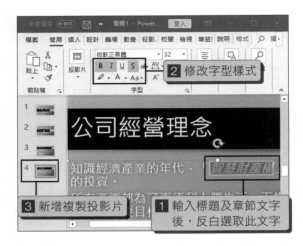

24 改選整個內容文字方塊，在「段
落」功能區中，按下 ‡≡ 「行
距」清單鈕，選擇「1.5」倍高行
距。

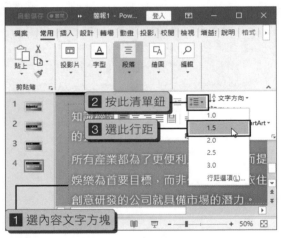

25 投影片設計完成後，先儲存成檔
案，以便日後增修投影片內容。
按下快速存取工具列上的「儲存
檔案」鈕。

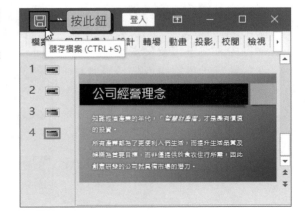

26 自動切換到「檔案」功能視窗，並切換到「另存新檔」標籤項下，按下「瀏覽」鈕。

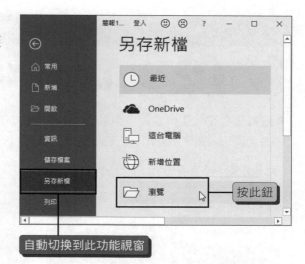

自動切換到此功能視窗

27 開啟「另存新檔」對話方塊，先選擇儲存檔案的位置，再選擇要儲存的資料夾輸入檔案名稱後，按下「儲存」鈕即完成儲存檔案工作。

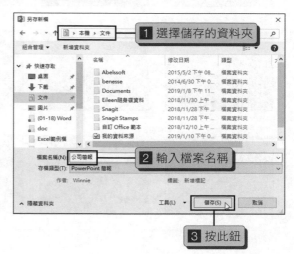

1 選擇儲存的資料夾

2 輸入檔案名稱

3 按此鈕

範例檔案：PowerPoint 範例檔 \Ch42 員工職前訓練手冊

單元 **42** 員工職前訓練手冊

新進員工在正式工作之前，通常都先接受職前訓練，雖然各行業所要接受的專業訓練不盡相同，但是了解公司上下班時間、出勤休假及計薪方式是最基本的職前訓練項目。

【完成投影片】

範例步驟

1 本單元主要利用舊有簡報的設計概念，快速從 Word 大綱建立新的投影片，改造成為適合作為員工職前訓練的新簡報。開啟 PowerPoint 程式，切換到「開啟」索引標籤，按下「瀏覽」鈕，開啟已儲存的舊有簡報檔。

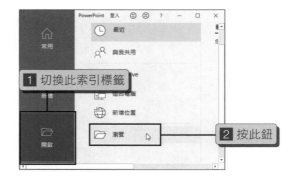

2 開啟「開啟」對話方塊，請選擇「PowerPoint 範例檔 \Ch42 員工職前訓練手冊」資料夾，開啟「員工職前訓練 1.pptx」檔案，按下「開啟」鈕。

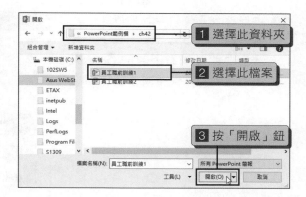

3 舊有的簡報為深藍色背景，如果想要變更背景顏色，首先要透過母片投影片修改背景色。切換到「檢視」功能索引標籤，在「母片檢視」功能區中，執行「投影片母片」指令，開啟投影片母片設計視窗。

4 選取第 1 張母片投影片，在「投影片母片」功能索引標籤，在「背景」功能區中，按下「色彩」清單鈕，選擇「綠黃色」色彩配置。

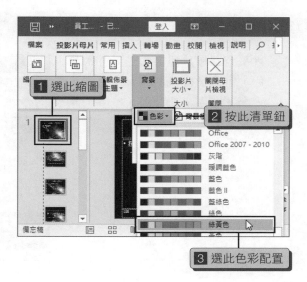

5 母片色彩並不會有任何改變，必需透過背景格式設定。按下「背景」功能區域右下角的 展開鈕，開啟「背景格式」工作窗格進行設定。

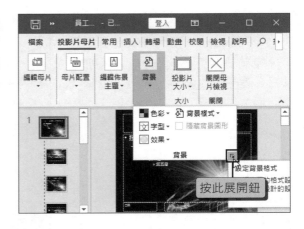

6 開啟「設定格式」工作窗格，點選 「圖片」圖示鈕，在「圖片色彩」項下，按下 「重新著色」清單鈕，選擇「亮綠色，強調色 1 淺色」色彩。

7 幾乎全部母片都自動變更背景顏色，但還是會有例外，只要按下「全部套用」鈕即可。按下「背景格式」右上方的圖示鈕，即可關閉工作窗格。

8 如果插入的圖案，還有其他的背景顏色，就會感覺與投影片格格不入，影響整體的效果。請選擇「PowerPoint 範例檔 \Ch42 員工職前訓練手冊」資料夾，開啟「員工職前訓練 (2).pptx」檔案，繼續練習下面的步驟。選擇第一張投影片縮圖，選取白色雲朵狀的圖說文字圖案，切換到「圖片工具 \ 格式」功能索引標籤，在「調整」功能區中，執行「移除背景」指令。

9 顯示「移除背景」功能標籤，並自動選取要留下圖案的範圍。當自動選取區的範圍小於實際要顯示的圖案範圍時，執行「標示要保留的區域」指令，選取要保留的部分以涵蓋整個圖案。

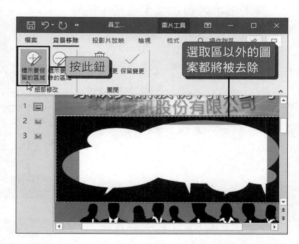

10 此時游標會變成 ✏ 符號，點選要保留區域的邊緣部分，按一下滑鼠左鍵，該區域則會納入選取區內。

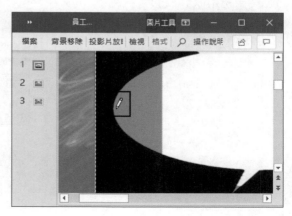

11 確定選取區範圍後,按下「保留
變更」功能圖示鈕。

12 原本圖片的黑色背景被移除,只
剩下白色的圖說文字圖案,這樣
讓副標題的文字更明顯。

13 如果不小心增加的多餘投影片,
只要先選取該投影片的縮圖,按
下滑鼠右鍵,開啟快顯功能表,
執行「刪除投影片」指令。

14 投影片縮圖中，可以看出多餘的投影片已經被刪除，空缺的投影片序號將自動被後面的投影片遞補。

投影片已被刪除

15 PowerPoint 可以直接匯入的文字檔，並製作成投影片，如果在 Word 中就已經設定大綱階層，PowerPoint 會主動編排順序及設定標題。請參考「PowerPoint 範例檔 \Ch42 員工職前訓練手冊 \ 員工手冊 .docx」Word 文件檔案。

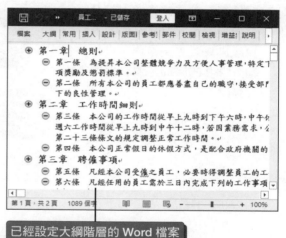

已經設定大綱階層的 Word 檔案

16 接下來就試著將 Word 檔案直接變成投影片。切換到「插入」功能索引標籤，在「新增投影片」功能區中，執行「從大綱插入投影片」指令。

執行此指令

17 開啟「插入大綱」對話方塊，選擇「PowerPoint 範例檔 \Ch42 員工職前訓練手冊」資料夾，選取「員工手冊」檔案，按下「插入」鈕。

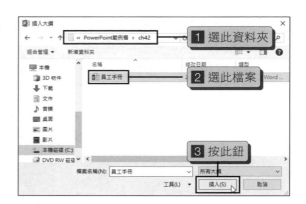

18 PowerPoint 會將第一層文字設定成標題，並依據標題自動分頁，新增投影片。但是新增的投影片說起來只能算是草稿，只是節省輸入文字的時間，還必須逐張檢視修改。

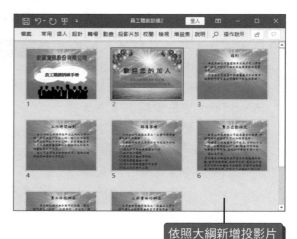

依照大綱新增投影片

19 由於新增的投影片沒有套用母片設定的字型，先選取第 3 張投影片，按住鍵盤【Shift】鍵，再點選第 8 張投影片，就可以一次選取 3~8 張新增的投影片。接著按下滑鼠右鍵，開啟快顯功能表，執行「重設投影片」指令。

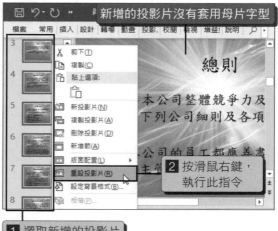

20 重設後投影片重新套用母片設定的字型。有時候匯入的大綱內容太多，已經超出文字方塊範圍，此時文字方塊旁就會出現 ⊹ 智慧方塊。

選取第 5 張投影片，先點選文字方塊，再將游標移到智慧方塊上方，按下 ⊹ 「自動調整選項」清單鈕，選擇「自動調整文字到版面配置區」選項。

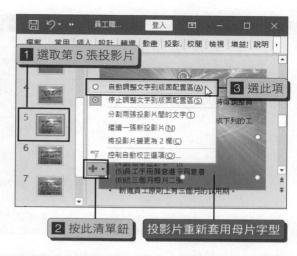

21 PowerPoint 會自動縮小字型，讓所有內容都擠壓在文字方塊內。

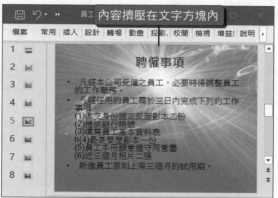

22 對於內容超過文字方塊範圍太多的處理方式又不相同。選取第 6 張投影片，一樣先選取文字方塊，按下「自動調整選項」清單鈕，執行「分割兩張投影片間的文字」指令。

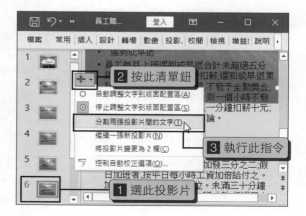

23 PowerPoint 會自動將超過的文字，搬移到新的投影片，而且標題文字不變。

　　如果內容還是超過文字方塊，可以再執行一次「分割兩張投影片間的文字」指令，直到所有內容都有屬於自己的文字方塊。

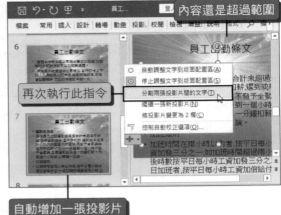

24 對於敘述性的文字，容易讓人眼花撩亂，因此可以改成條列的方式。將游標插入點移到要加上項目編號的文字前方，切換到「常用」功能索引標籤，在「段落」功能區中，按下 ≡・「編號」清單鈕，選擇執行「加圈圈的數字」編號樣式。

　　只要在下一點的文字前方，按下鍵盤【Enter】鍵，PowerPoint 就會自動編號。

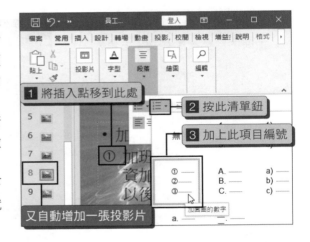

25 對於條文內容的關鍵字，可以改用其他顏色或放大字型強調其重要性，最後複製歡迎投影片，修改成結尾投影片即可。

　　按下快速存取工具列上的 ⬚「從頭開始」圖示鈕，就可以觀看投影片的製作成果。

範例檔案：PowerPoint 範例檔 \Ch43 旅遊行程簡報

單元 43　旅遊行程簡報

員工旅遊行程簡報想當然是由大量的圖片和文字為主，圖片可以讓增加對旅遊地點的興趣和印象，文字可以直接針對景點的歷史及人文背景搶先介紹，增進地理常識。

【完成投影片】

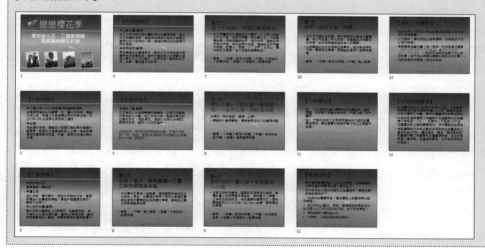

範例步驟

1 本單元主要使用 PowerPoint 提供的圖片編輯功能，加上動畫的效果，增加圖片的變化性。由於簡報的對象是針對員工，版面設計上可以增加動畫效果，增加活潑生動的感覺。請開啟「PowerPoint 範例檔 \Ch43 旅遊行程簡報」資料夾，選擇「旅遊行程簡報 1.pptx」，選取第一張投影片，切換到「插入」功能索引標籤，在「影像」功能區中，執行插入「圖片」指令。

2 開啟「插入圖片」對話方塊，選擇「PowerPoint 範例檔 \Ch43 旅遊行程簡報」資料夾，選擇「旅遊圖片 .jpg」圖片檔，按下「插入」鈕。

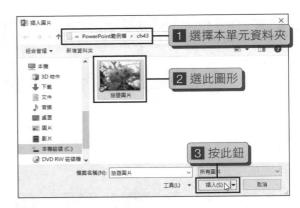

3 由於插入的圖片檔太大，幾乎遮蓋所有版面，因此先切換到「圖片工具 \ 格式」功能表標籤，在「大小」功能區中，按下「裁剪」清單鈕，執行「裁剪」指令。圖片四周會出現裁剪的游標，按住游標拖曳出裁剪範圍。

4 剪裁範圍確定後，再按下「裁剪」清單鈕，執行「裁剪」指令。

5 圖片依照指定範圍剪裁。除了四方型的剪裁形狀外，PowerPoint 還提供特殊圖案的剪裁形狀。再次按下「剪裁」清單鈕，在「剪裁成圖形」指令項下，選擇「愛心」圖形。

6 圖片被剪裁成愛心形狀。繼續按下「大小」功能區域的展開鈕，開啟「設定圖片格式」工作窗格，對圖片做進一步的設定。

7 在「設定圖片格式」工作窗格的 🖼 「大小與屬性」索引標籤中，鎖定長寬比的條件下，調整高度及寬度為「20%」，並設定旋轉角度為「-20°」，設定完成後拖曳心形圖片到標題前方，最後按下工作窗格右上方「關閉」鈕。

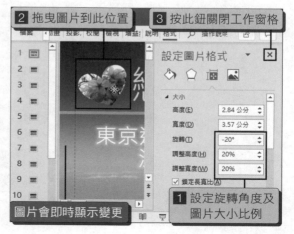

8 接著幫圖片及標題設計一些動畫效果，增加投影片的活潑性。先選擇標題文字方塊，切換到「動畫」功能索引標籤，在「動畫」樣式庫中，選擇「出現」進入樣式。

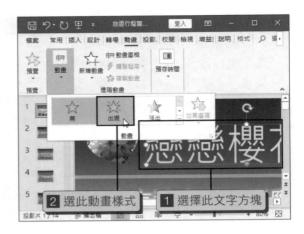

9 此時在「預存時間」功能區會顯示動畫的格式設定，預設「開始」顯示動畫的方式為「按一下」滑鼠才會執行，而有設定動畫樣式的文字方塊前方會出現順序編號，投影片縮圖也會出現動畫符號，表示此張投影片有設定動畫效果。

10 選擇愛心照片，按下「動畫」樣式庫的 「下一列」鈕數下，選擇「彈跳」樣式。

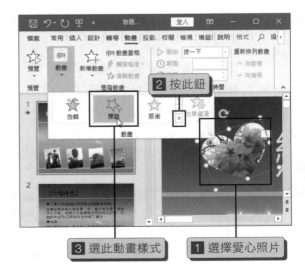

11 此時心形圖片前方出現順序編號 2。在「預存時間」功能區中，按下開始：「按一下」旁的清單鈕，重新選擇「接續前動畫」顯示方式。

12 此時愛心圖案旁順序編號由 2 變成 1。按住鍵盤【Ctrl】鍵，同時選取下方四張圖片。

13 再次在「動畫」樣式庫中，選擇「旋轉」動畫樣式。

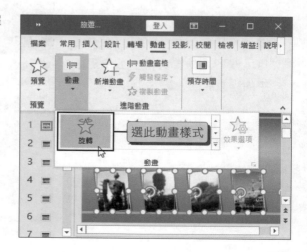

14 圖片旁出現動畫順序編號 2，按下開始：「按一下」旁的清單鈕，重新選擇「接續前動畫」顯示方式。

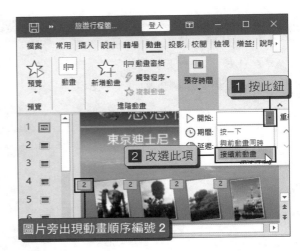

15 此時 4 張圖片旁順序編號也由 2 變成 1。想要知道目前動畫設定的順序，除了從圖案前方的順序編號德之外，也可以在「進階動畫」功能區中，執行「動畫窗格」指令，開啟「動畫窗格」工作窗格，會顯示動畫設定的相關資料。

16 選擇「標題 1：戀戀櫻花季」項目，按下「動畫窗格」工作窗格中的「播放自」鈕。

17 此時編輯視窗則會開始播放動畫效果，而動畫窗格中則會顯示動畫的時間軸序列。

依照動畫順序，顯示時間軸序列

投影片逐一執行動畫效果

18 如果想要更換動畫順序，只要選取該圖片物件，再按 ▲ ▼ 上下箭頭調整順序即可。選取「圖片 12」物件，按下動畫窗格中的「往上」鈕。

TIPS

圖片編號為隨著插入圖片的數量變動，同一張圖片會因為刪除後再重新插入，圖片編號就會變更，移動圖片順位時，還是要參考投影片上實際被選取的圖片為依據。

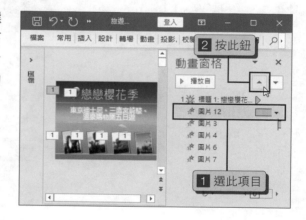

2 按此鈕

1 選此項目

19 圖片 12 已經變更到第一順位，但是動畫開始方式依舊是原來設定的「接續前動畫」。按下開始：「接續前動畫」清單鈕，重新選擇「按一下」方式。

改選此項

順序已經變更

20 選取「標題 1」物件，重新選擇開始方式為「與前動畫同時」，並設定延遲時間為前動畫開始後的「1.5」秒，最後再把文字方塊設定動畫效果。

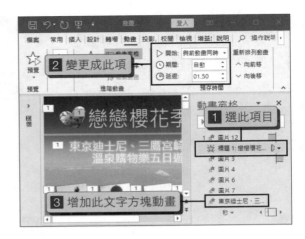

21 先 開 啟 Word 程 式， 選 擇「PowerPoint 範例檔 \Ch43 旅遊行程簡報」資料夾中的「員工行程簡報文字 .docx」文字檔，並在 Word 程式切換到「常用」功能索引標籤，在「編輯」功能區中，按下「選取」清單鈕，執行「全選」指令。

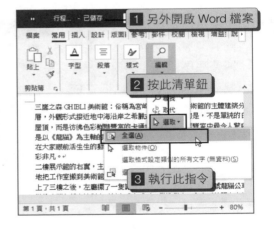

22 此時 Word 文件中的文字都被選取，在「剪貼簿」功能區中，執行「複製」指令，將所有景點介紹文字複製到簡報檔。

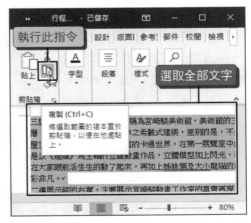

23 請開啟「PowerPoint 範例檔 \Ch43
旅遊行程簡報」資料夾，選擇
「員工旅遊行程簡報 2.pptx」，選
取第 2 張投影片縮圖進行編輯。
切換到「檢視」功能索引標籤，
在「簡報檢視」功能區中，執行
「備忘稿」指令，準備開始編輯
備忘稿。

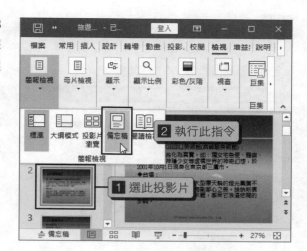

24 回到 PowerPoint 程式，將編輯
插入點移到備忘稿位置，切換到
「常用」功能索引標籤，在「剪
貼簿」功能區中，執行「貼上」
指令。

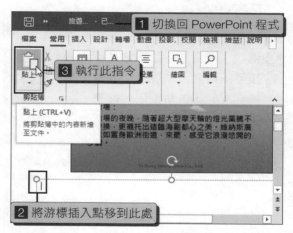

25 Word 文字複製到 PowerPoint 備
忘稿中。按下垂直捲軸中的 ▲
「前一張投影片」或 ▼「下一張
投影片」鈕，切換到其他投影片
繼續編輯備忘稿。若要回到標準
簡報檢視模式製作投影片，可切
換到「檢視」功能索引標籤，在
「簡報檢視」功能區中，執行
「標準」指令，或是按下狀態列
上的 回「標準模式」圖示鈕，皆
可回到標準簡報檢視模式。

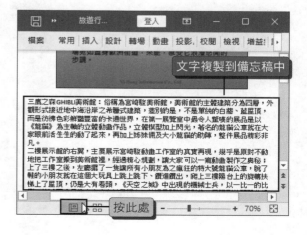

TIPS

在標準檢視模式下也可以編輯觀看備忘錄內容，只要按下狀態列上的 ≜ 備忘稿「備忘稿」圖示鈕，就可以開啟備忘稿區。將游標移到編輯區和備忘稿區邊界，當游標變成 ↕ 符號，按住滑鼠左鍵可移動兩個區域的大小比例。

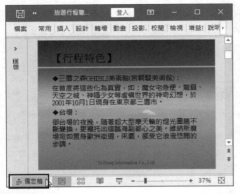
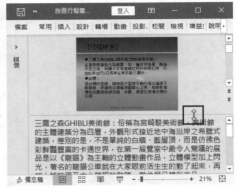

26 備忘稿最主要是給講演者使用，按下「檔案」功能索引標籤，切換到「列印」功能區，按下「全頁投影片」清單鈕，選擇列印「備忘稿」。

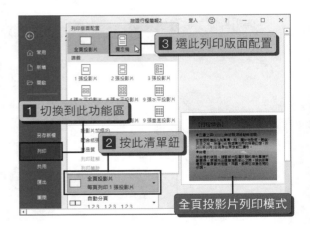

27 講演者可將備忘稿列印出來，可在講演時提醒自己補充資訊，讓內容更豐富。

📷 範例檔案：PowerPoint 範例檔 \Ch44 精彩活動相簿

單元 **44** 精彩活動相簿

平常一定有聚餐聊天、外出旅遊、參加公益活動之類的假日活動，都會留下一些值得回憶的照片，不妨製作成「活動相簿」簡報檔留存。有一些社會團體經常會舉辦許多活動，把每次的活動照片集結成簡報檔，也可以做為日後成果發表的最佳見證。

【完成投影片】

範例步驟

1 收集每次活動的照片，利用「新增相簿」的功能，製作成精彩活動相簿簡報檔，可以做為日後成果發表。開啟 PowerPoint 程式，先開啟空白簡報。切換到「插入」功能索引標籤，在「影像」功能區中，按下「相簿」清單鈕，執行「新增相簿」指令。

2 開啟「相簿」對話方塊,按下「檔案/磁碟片」插入鈕。

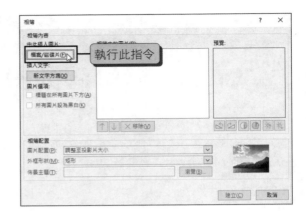

3 開啟「插入新圖片」對話方塊,選擇「PowerPoint 範例檔\Ch44 精彩活動相簿\活動相簿」資料夾,按住鍵盤【Ctrl】選取「001 ~012」共 12 個圖檔,選取完按下「插入」鈕。

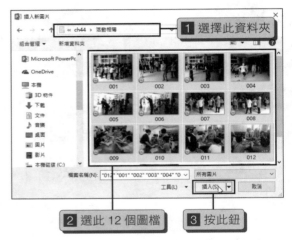

4 回到「相簿」對話方塊,剛選取的檔案會顯示在「相簿中的圖片」裡,按下「圖片配置」旁的清單鈕,選擇「四張圖片」選項。

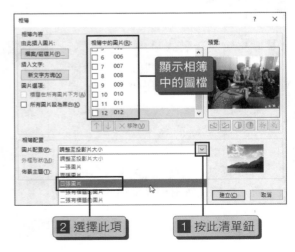

5 此時相簿中的圖片會自動分成 4 張，如果照片分組出現錯誤，可先勾選要移動的照片，利用 ↑ ↓ 鈕調整圖片的順序。確認照片後，按下「建立」鈕。

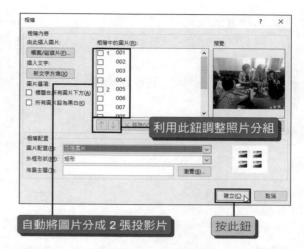

利用此鈕調整照片分組

自動將圖片分成 2 張投影片

按此鈕

6 PowerPoint 會另外開啟新的相簿檔案，並自動開啟「設計構想」工作窗格，提供大數據資料庫中，最常見的相簿封面設計樣式，提供給使用者參考套用。（須連上網際網路）切換到「檢視」功能索引標籤，在「母片檢視」功能區中，執行「投影片母片」指令。

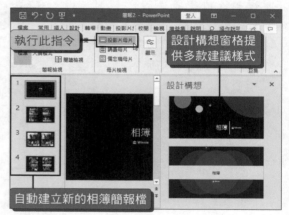

執行此指令

設計構想窗格提供多款建議樣式

自動建立新的相簿簡報檔

7 自動切換到「投影片母片」功能索引標籤，選擇第一張投影片母片，在「大小」功能區中，按下「投影片大小」清單鈕，執行「標準（4:3）」指令，將投影片變更成傳統的標準尺寸。

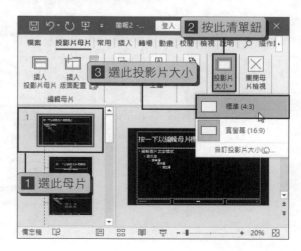

2 按此清單鈕

3 選此投影片大小

標準 (4:3)

寬螢幕 (16:9)

自訂投影片大小(C)...

1 選此母片

8 此時會出現詢問對話方塊，請使用者選擇調整後的內容修正，按下「最大化」鈕，則會將內容調整到新投影片大小的最大範圍。

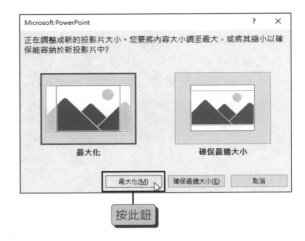

按此鈕

9 接著設計專屬的投影片母片樣式，首先變更預設的字型配置，在「背景」功能區中，按下「字型」清單鈕，執行「自訂字型」指令。

執行此指令

10 開啟「建立新的佈景主題字型」對話方塊，英文字型選擇「Brush Script MT」，中文字型還是以「微軟正黑體」為主，輸入自行設定的字型名稱「Photo」，按下「儲存」鈕。

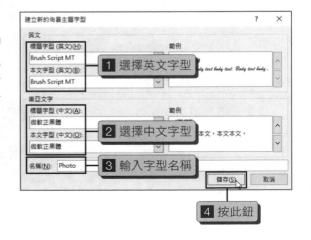

1 選擇英文字型

2 選擇中文字型

3 輸入字型名稱

4 按此鈕

11 由於預設的投影片母片版面配置多達 11 種，但對於單純的相簿而言，不需要過多的版面配置，只需要「只有標題」母片和「空白」母片兩種。按住鍵盤【Shift】鍵，先選取第 3 到 5 張的投影片母片，按滑鼠右鍵，開啟快顯功能表，執行「刪除版面配置」指令。

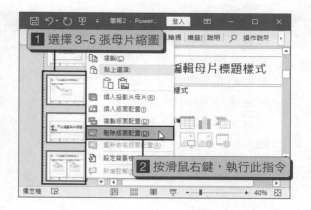

12 選取的投影片母片已經被刪除，下方的投影片會自動遞補，依相同方法將需要且可以刪除的版面配置投影片均刪除。選擇第 1 張佈景母片，按滑鼠右鍵，開啟快顯功能表，執行「背景格式」指令。

TIPS

已經套用為投影片的版面配置母片無法刪除，當游標移到該版面配置的母片縮圖時會出現說明文字，說明版面配置名稱及目前被使用的狀態。

13 開啟「背景格式」工作窗格,在「填滿」色彩選項中,選擇「圖片或材質填滿」,此時所有母片會套用相同背景材質,對預設材質有意見可以改選材質,或利用線上圖片作為背景,按下「線上」鈕。

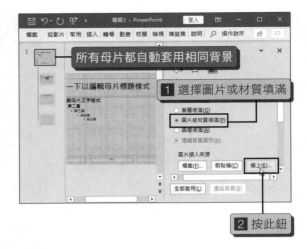

14 開啟「線上圖片」對話方塊,選擇「背景」類別圖片。(線上圖庫均受智慧財產權保護,使用時請注意保護項目及範圍)

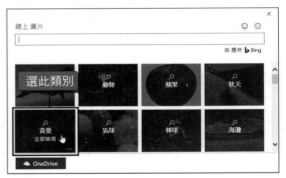

15 選擇適用的圖片,按下「插入」鈕。(線上圖庫均受智慧財產權保護,使用時請注意保護項目及範圍)

16 所有投影片母片套用該圖片背景，按下「全部套用」鈕。

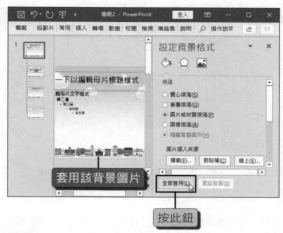

套用該背景圖片

按此鈕

17 選擇第 4 張空白母片，切換到「插入」功能索引標籤，在「圖例」功能區中，按下「圖案」清單鈕，選擇插入「線條」指令，開始設計空白母片樣式。

2 按此清單鈕

3 選此圖案

1 選擇空白母片

18 在空白投影片編輯區中，使用拖曳方式繪製出直線，並切換到「繪圖工具\格式」功能索引標籤，在「大小」功能區中，修改圖形寬「17」公分，並按下「展開」鈕設定圖形。

1 拖曳繪製圖案

2 修改圖形大小

19 開啟「設定圖形格式」工作窗格，在 「大小與屬性」索引標籤的「位置」項下，設定水平位置為從左上角「8.4」公分、垂直位置為從左上角「3.4」公分處。

20 切換到 「填滿與線條」索引標籤，在「線條」項下選擇「漸層線條」，按下「預設漸層」清單鈕，選擇「輕度漸層 - 輔色 4」。

21 繼續按下「方向」清單鈕，選擇「線性向右」樣式。

22 在「漸層停駐點」中選取第 4 個停駐點，按下「色彩」清單鈕，選擇「金色, 輔色 4, 較深 50%」。

23 改選取第 2 個停駐點，修改停駐點位置為「30%」；再將線條寬度改成「1.5pt」。

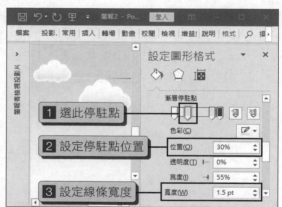

24 最後改選第 3 個停駐點，按下 🖉「移除漸層停駐點」圖示鈕，刪除第 3 個停駐點，按工作窗格右上方 ✖ 關閉鈕，完成漸層線條的格式設定。

25 繼續選取空白版面配置的投影片
母片，切換到「插入」功能索引
標籤，在「文字」功能區中，按
下「文字藝術師」清單鈕，選擇
插入「填滿：白色；外框：橙色，
輔色 2；強烈陰影：橙色，輔色
2」樣式。

26 輸入文字藝術師文字「新興昌社
區關懷據點」，按下滑鼠右鍵開
啟快顯功能表，將字型大小改成
「44」；移動文字藝術師文字方塊
與漸層線條圖案置中對齊的位置。

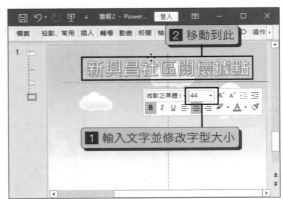

27 選取漸層線條和文字藝術師文字
方塊，複製到其他投影片母片版
面配置，並適當的調整標題文字
方塊位置；最後切換到「投影片
母片」功能索引標籤，執行「關
閉母片檢視」指令。

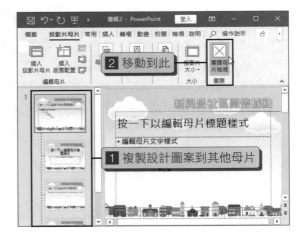

28 請開啟「Ch44 精彩活動相簿 \ 精彩活動相簿 (1).pptx」，因為設定投影片母片導致剛插入的照片排列混亂，趁此機會重新安排過於整齊的照片位置。選取第 2 張投影片縮圖，先選取 4 張照片，切換到「圖片工具 \ 格式」功能索引標籤，在「圖片樣式」功能區中，選擇「剪去對角，白色」快速樣式。

29 照片套用新的樣式。繼續選取 4 張照片，在「排列」功能區中，按下「旋轉」清單鈕，執行「其他旋轉選項」指令。

30 開啟「設定圖片格式」工作窗格，在「大小」項下修改照片寬度為「8」公分、旋轉「10°」（原始照片大小不一致，因此高度無法顯示），按工作窗格右上方 ✖ 關閉鈕。

31 使用拖曳的方式逐一調整照片位置，最後加上照片分類文字方塊。

32 別忘了！設計風格一致的相簿封面喔！

範例檔案：PowerPoint 範例檔 \Ch45 研發進度報告

單元 45　研發進度報告

【完成投影片】

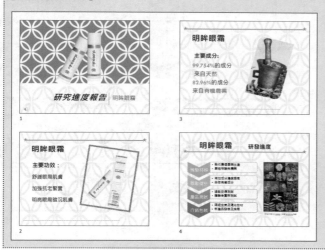

研發新產品有一定的研究流程，根據研究流程可以掌握開發進度，每隔一段時間就必須針對研發進度對主管及相關部門做報告，好方便規劃其他後續相關事宜。

範例步驟

1 請開啟「PowerPoint 範例檔 \Ch45 研發進度報告」資料夾，選擇「研發進度報告 1.pptx」，首先選取第 4 張投影片縮圖，切換到「插入」功能索引標籤，在「圖例」功能區中，執行「SmartArt 圖形」指令。

2 開啟「選擇 SmartArt 圖形」對話
方塊,選擇「流程圖」類型中的
「V 型箭號清單」樣式,按「確
定」鈕。

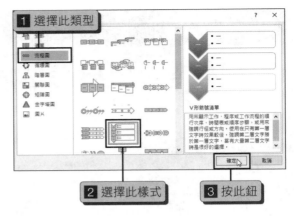

3 投影片中插入 SmartArt 圖形。直
接箭號方塊和文字方塊中輸入文
字,或按下圖形左外框中央的 ◁
「展開」鈕。

4 另外開啟文字窗格,窗格中的大
綱階層與圖形內容相同。繼續輸
入文字,輸入完畢後,按下「關
閉」鈕結束文字窗格。

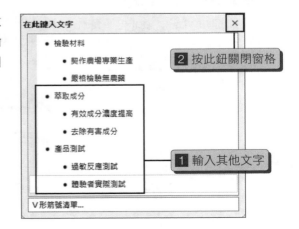

5 選擇第 3 個箭號圖案，切換到「SmartArt 工具 \ 設計」功能索引標籤，在「建立圖形」功能區中，按下「新增圖案」清單鈕，執行「新增後方圖案」指令。

6 在新增的第四個圖形中輸入文字。單一色系覺得單調的話，在「SmartArt 樣 式 」功能區中，按下「變更色彩」清單鈕，選擇「彩色 - 輔色」色彩樣式。

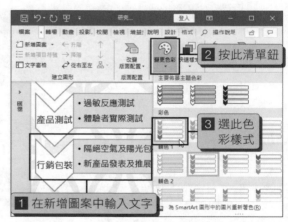

7 按住鍵盤【Shift】鍵選取 4 個文字方塊，先切換到「常用」功能索引標籤，在「字型」功能區中，將文字大小修改成「18」。

8 選取整個 SmartArt 圖形，將游標移到調整圖形大小的控制點上，按住滑鼠左鍵，使用拖曳的方式將圖形縮小，到適當寬度後放開滑鼠。

9 繼續選取整個 SmartArt 圖形，切換到「SmartArt 工具 \ 設計」功能索引標籤，在「重設」功能區中，按下「轉換」清單鈕，執行「轉換成圖形」指令，可將 SmartArt 圖形轉換成一般群組圖形的繪圖畫布。

TIPS

你也可以切換到「SmartArt 工具 \ 格式」功能索引標籤，在「排列」功能區中，按下「群組」清單鈕，執行「取消群組」指令，也可以將 SmartArt 圖形轉換成一般繪圖畫布。

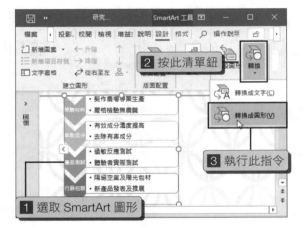

10 由於 SmartArt 圖形經過轉換後，「SmartArt 圖形工具」的功能表標籤就不存在，取而代之的是「繪圖工具」功能表標籤。

選取繪圖畫布，切換到「繪圖工具 \ 格式」功能索引標籤，在「排列」功能區中，按下「群組」清單鈕，執行「取消群組」指令，將群組圖形拆解成個別圖形。

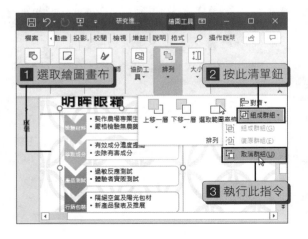

11 選取 4 個箭號圖案，切換到「常用」功能索引標籤，在「字型」功能區中，將文字大小修改成「24」；將游標移到調整圖形大小的控制點上，按住滑鼠左鍵，使用拖曳的方式將圖形放大，到適當寬度後放開滑鼠。

12 由於箭號方塊調整大小後，文字看起來快超出箭號範圍，可以調整文字位置。
依舊選取 4 個箭號方塊，按滑鼠右鍵開啟快顯功能表，執行「物件格式」指令。

13 此時會開啟「圖案格式」工作窗格，先選擇「文字選項」標籤，按下 ⊞「文字方塊」圖示鈕，將下邊界調整成「0.8 公分」。
按下「圖案格式」右上角的「關閉」鈕，關閉工作窗格。

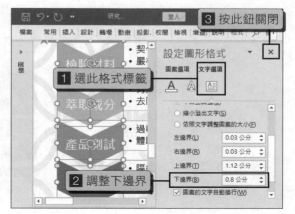

14 選取原來的 8 個圖形，按滑鼠右鍵開啟快顯功能表，執行「組成群組\復原群組」指令，將圖形們組成一個繪圖畫布，方便移動位置。

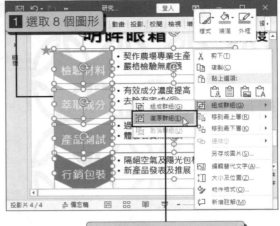

1 選取 8 個圖形

2 按滑鼠右鍵，執行此指令

15 可以在空白處增加一些圖片增加投影片看頭，切換到「插入」功能索引標籤，在「影像」功能區中，執行「線上圖片」指令。

執行此指令

16 開啟「線上圖片」對話方塊，輸入想要找尋圖片的關鍵字，例如「植物」，按下鍵盤上「Enter」鍵。

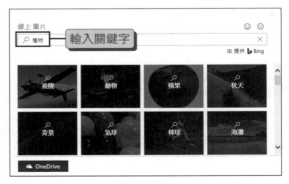

輸入關鍵字

17 選擇要插入的圖片，按下「插入」鈕。使用線上圖片時，需要特別注意著作權及使用規範。

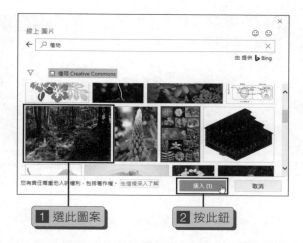

1 選此圖案　　2 按此鈕

18 除了選擇的圖片被插入到投影片中，並且也自動加入著作權宣告。適當的調整圖形的大小及位置即可。

插入選擇的圖片

插入著作權宣告

19 接著設計放映投影片時，投影片之間轉場的動畫效果。選取第1張投影片縮圖，切換到「轉場」功能索引標籤，在「切換到此投影片」功能區中，按下「其他」鈕，開啟更多轉場動畫效果。

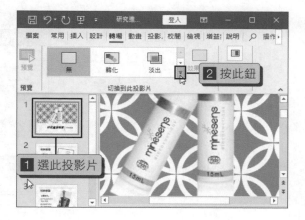

2 按此鈕

1 選此投影片

20 在眾多動畫效果中，選擇「窗簾」動畫效果。

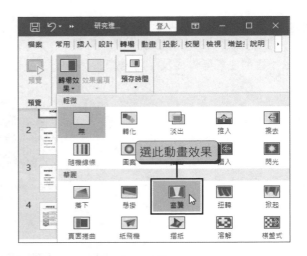

21 投影片立即套用選取的動畫效果，並立刻預覽。切換到「轉場」功能索引標籤，在「預存時間」功能區中，執行「全部套用」指令，將所有投影片的轉場動畫，都套用相同效果。

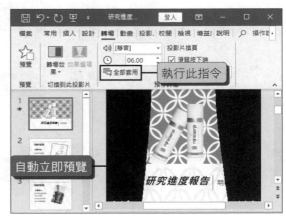

22 縮圖前方都出現動畫符號。選取第 2 張投影片縮圖，在「預覽」功能區中，執行「預覽」指令，立即預覽套用的動畫效果。

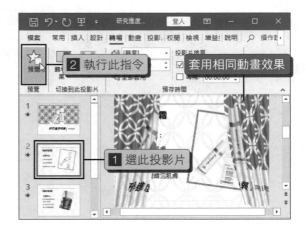

23 有些簡報時會播放背景音樂，只要事先準備好聲音檔，就可以輕鬆做到。
選取第一張投影片縮圖，切換到「插入」功能索引標籤，在「媒體」功能區中，按下「音訊」清單鈕，執行「我個人電腦上的音訊」指令。

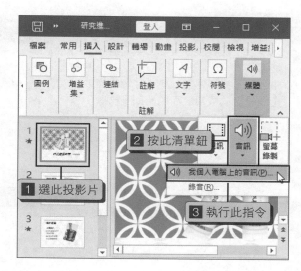

24 開啟「插入音訊」對話方塊，選擇存放音檔的資料夾，選擇要插入的音檔，按下「插入」鈕。(不提供範例音檔)

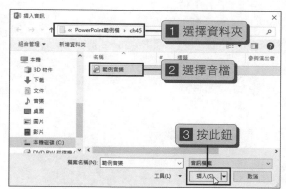

25 投影片中出現音訊播放面板。如果只是當背景音樂，沒有特定在哪一個畫面或動畫播放時，不用逐一修改音訊選項，只要切換到「音訊工具\播放」功能索引標籤，在「音訊樣式」功能區中，執行「在背景播放」指令。

TIPS

「在背景播放」指令到底設定了哪些音訊選項？切換到「音訊工具\播放」功能索引標籤，在「音訊選項」功能區中，凡是被勾選的就是「在背景播放」指令設定的選項，而開始即「自動」播放也是喔！

26 選取音訊圖示，切換到「音訊工具\格式」功能索引標籤，在「大小」功能區中，修改圖片大小為「1公分」，並將其拖曳到投影片左下角位置。

範例檔案：PowerPoint 範例檔 \Ch46 股東會議簡報

【完成投影片】

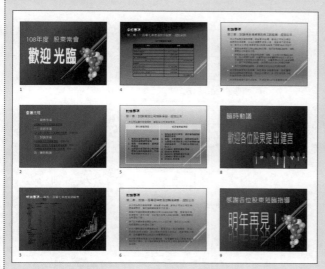

股東會議每年都要召開至少一次，每年不外乎要公告去年度的財務報表、討論盈餘分配及未來營運方向…等主題，因此股東會議簡報只要依循著這幾個主題，將相關資料檢附上去即可。

範例步驟

1 請開啟「PowerPoint 範例檔 \Ch46 股東會議簡報」資料夾，選擇「股東會議簡報 1.pptx」，首先插入以 Excel 檔案製作的損益表。選取第 3 張投影片縮圖，切換到「插入」功能索引標籤，在「文字」功能區中，執行「物件」指令。

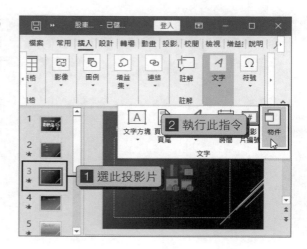

2 開啟「插入物件」對話方塊,選
擇「由檔案建立」選項,按「瀏
覽」鈕選取檔案。

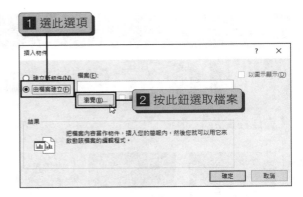

3 另外開啟「瀏覽」對話方塊,選
擇「PowerPoint 範例檔 \Ch46 股
東會議簡報」資料夾中的「107
年損益表 .xlsx」檔案,在預覽檔
案窗格中,確認選取「累計損益
表」工作表,最後按下「確定」
鈕。

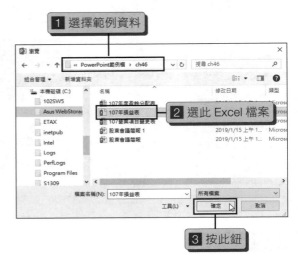

4 回到「插入物件」對話方塊,顯
示剛選擇的檔案,確認無誤後,
按「確定」鈕。

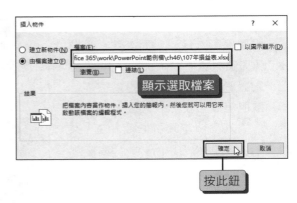

5 投影片中插入 Excel 文件，將游標移到物件範圍內，快按滑鼠左鍵 2 下，編輯 Excel 檔案。

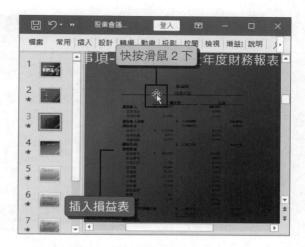

6 開啟 Excel 程式編輯模式，選取 A2 儲存格，刪除原有文字，重新輸入文字「107 年度」，完成編輯後，將游標移到非 Excel 物件範圍，按一下滑鼠左鍵，即可結束 Excel 程式編輯模式。

7 回到投影片編輯視窗，適當的調整 Excel 物件的大小，並移到適當的位置，也可加入圖片增加美觀。

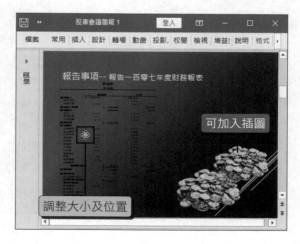

8　除了可以插入 Excel 檔案外，也可以插入 Word 文件。選取第 4 張投影片縮圖，同樣切換到「插入」功能索引標籤物件，在「文字」功能區中，再次執行「物件」指令。

9　在「插入物件」對話方塊，選擇「由檔案建立」選項，按下「瀏覽」鈕。並在「瀏覽」對話方塊，選擇「PowerPoint 範例檔 \ Ch46 股東會議簡報」資料夾中的「107 年盈餘分配表 .docx」檔案，按「確定」鈕後，回到「插入物件」對話方塊，再按一次「確定」鈕，插入 Word 物件。

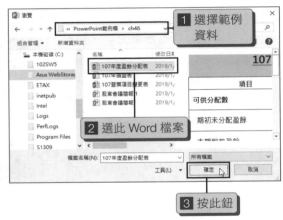

10　投影片中插入 Word 文件，將游標移到物件範圍內，快按滑鼠左鍵 2 下，編輯 Word 檔案。

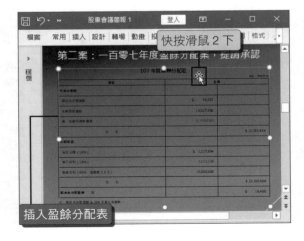

11 開啟 Word 程式編輯模式，選取 Word 文件中的表格範圍，切換到「常用」功能索引標籤，在「字型」功能區中，變更文字大小為「18」。

1 選取 Word 表格範圍

2 變更文字大小

12 改選取表格標題列，繼續在「常用」功能索引標籤，切換到「段落」功能區中，按下「網底」清單鈕，選擇「黑色」網底。

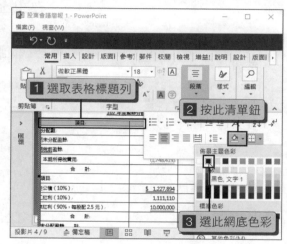

1 選取表格標題列

2 按此清單鈕

3 選此網底色彩

13 由於標題列列高太窄，可略為調整列高。將游標移到標題列下方，當游標變成 ⇕ 符號，按住滑鼠左鍵，向下拖曳調整列高。設計完畢後，將游標移到非 Word 物件範圍，按一下滑鼠左鍵，即可結束 Word 程式編輯模式。

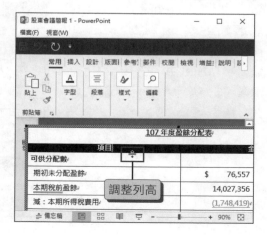

調整列高

14 最後調整 Word 物件大小及位置即可。

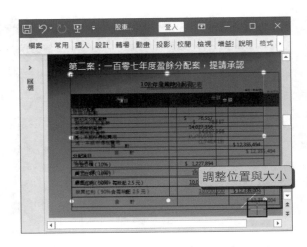

15 除了使用插入物件功能可以插入外部表格外,其實在 Office 軟體中,直接運用「剪貼簿」功能,就可以輕鬆插入表格。請選擇「PowerPoint 範例檔 \Ch46 股東會議簡報」資料夾,開啟「107營業項目變更表 .docx」檔案。在 Word 程式中,選取表格範圍,切換到「常用」功能索引標籤,在「剪貼簿」功能區中,執行「複製」指令。

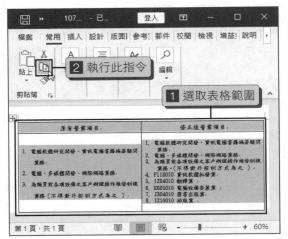

16 切換回「PowerPoint」程式,選取第 5 張投影片縮圖,切換到「常用」功能索引標籤,在「剪貼簿」功能區中,按下「貼上」清單鈕,執行「使用目前的樣式」指令。

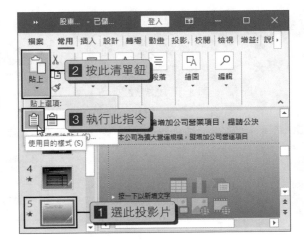

17 Word 文 件 中 的 表 格 貼 到 PowerPoint 投 影 片 中，選 取 整 張 表 格 範 圍，在「字 型」功 能 區 中，先 調 整 表 格 內 文 字 大 小 為 「18」，然 後 使 用 拖 曳 控 制 點 的 方 式，調 整 表 格 大 小。

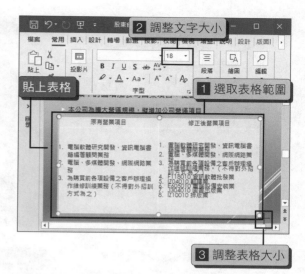

18 繼續選取表格範圍，在「段落」功能區中，按下 ‡≣▾「行距」清單鈕，選擇「1」行距。

19 由於右邊表格中的文字較多，因此可以調整表格的欄寬，將游標移到兩欄中間，當游標變成 ◆▮▶ 符號，按住滑鼠左鍵，向左拖曳調整欄寬。

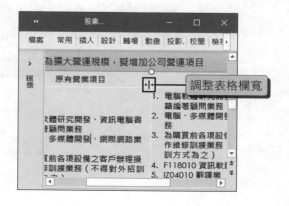

20 由於表格的底色會遮住投影片的圖案，可以取消表格底色。選取非標題列表格範圍，切換到「表格工具\設計」功能索引標籤，在「表格樣式」功能區中，按下 ☐▾「網底」清單鈕，選擇「無填滿」樣式。

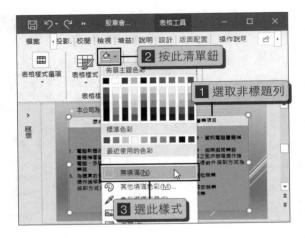

21 繼續選取非標題列表格範圍，按下「段落」功能區右下角的 ☐「展開」鈕。

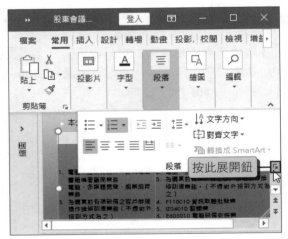

22 開啟「段落」對話方塊，在縮排「文字之前」設定縮排距離為「1.5 公分」，按下「確定」鈕。

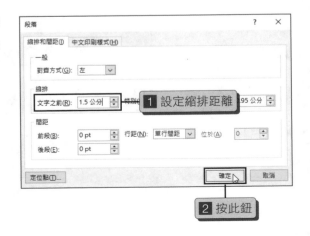

23 項目編號離表格框線增加了間距，看起來沒有壓迫感。最後調整表格的大小及位置即可。

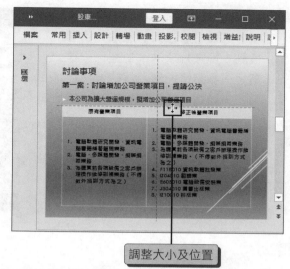

調整大小及位置

24 選取第 2 張投影片縮圖，選取報告事項中的第 1 點文字範圍，切換到「插入」功能索引標籤，在「連結」功能區中，執行「連結」指令。

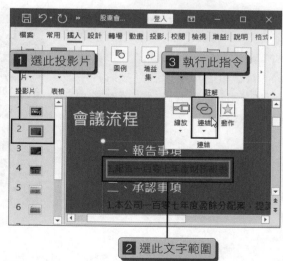

1 選此投影片
3 執行此指令
2 選此文字範圍

25 開啟「插入超連結」對話方塊，選擇連結至「這份文件中的位置」，選擇「第 3 張投影片」位置，按「確定」鈕。

1 選此方式
3 按此鈕
2 選此位置

26 依相同方法設定其他超連結文字，想要看看設定的結果，請切換到「投影片放映」功能索引標籤，在「開始投影片放映」功能區中，執行「從目前投影片」指令。

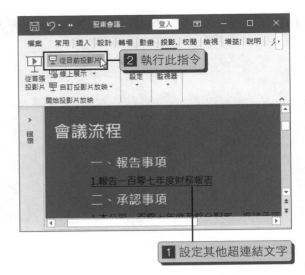

1 設定其他超連結文字

27 當游標移到設有超連結的文字上方，游標會變成 🖑 符號，按下超連結文字，可立即跳到指定投影片位置。也可以在各投影片中設定跳回目錄投影片的圖案或文字超連結。

按下超連結可跳到指定投影片

範例檔案：PowerPoint 範例檔 \Ch47 創新行銷獎勵方案

單元 47 創新行銷獎勵方案

有許多銷售生活日用品的公司，都會以消費即是賺錢的方式吸引消費者加入會員，購買產品越多就可以賺取更多的紅利回饋，召集親朋好友一起團購也可增加額外的獎金，若是讓親友一起加入會員還可以抽取佣金。

【完成投影片】

範例步驟

1 請選擇「PowerPoint 範例檔 \Ch47 創新行銷獎勵方案」資料夾，開啟「創新行銷獎勵方案 1.pptx」檔案。選取第一張投影片中的動物圖片，切換「動畫」功能索引標籤，在「進階動畫」功能區中，按下「新增動畫」清單鈕，執行「自訂路徑」指令。

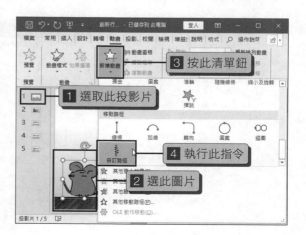

2 將游標移到投影片右下角位置，當按下滑鼠左鍵時，滑鼠會由小 ✚ 符號變成大 ✚ 符號，準備繪製移動路徑。

3 使用者若持續按住滑鼠可自由繪製路徑（曲線）；或是放開滑鼠（直線），每到轉折點按一下滑鼠則可繪製鋸齒狀路徑，到了終點時，快按滑鼠 2 下完成路徑。

4 投影片會立即預覽動畫效果。在「預存時間」功能區中，「開始」處選擇「接續前動畫」，「期間」調整為「05.00」秒，讓動畫效果更明顯。

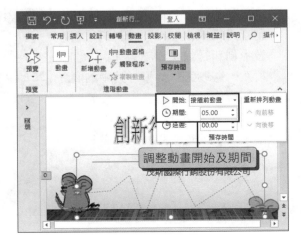

5 選擇第 4 張投影片縮圖，切換
到「插入」功能索引標籤，在
「圖例」功能區中，執行插入
「SmartArt 圖形」指令。

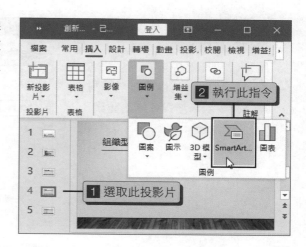

6 開啟「選擇 SmartArt 圖形」對
話方塊，選擇「階層圖」類型中
的「圖形圖片階層」樣式，按下
「確定」鈕。

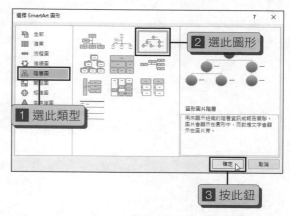

7 投影片中插入 SmartArt 圖形，
先在前 2 個階層輸入文字，然
後選取右下角的方塊，切換到
「SmartArt 工具 \ 設計」功能索
引標籤，在「建立圖形」功能區
中，按下「新增圖案」清單鈕，
執行「新增前方圖案」指令。

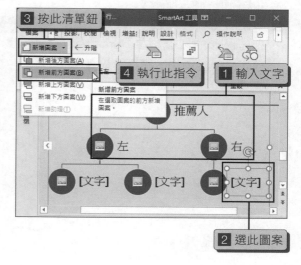

8 新增一個第 3 階層圖案。接著選取新增的圖案，繼續在「建立圖形」功能區中，按下「新增圖案」清單鈕，執行「新增下方圖案」指令，新增第 4 階層圖案。

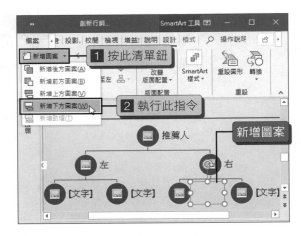

9 陸續新增圖案，讓 4 層結構階層圖完整。選取整個 SmartArt 圖形，在「SmartArt 樣式」功能區中，按下「變更色彩」清單鈕，選擇「彩色範圍 輔色」色彩配置。

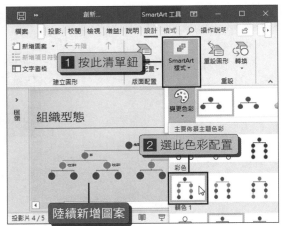

10 平面的色彩有點乏味，來增加點立體圖形的感覺。在「SmartArt 樣式」功能區中，選擇「光澤」樣式。

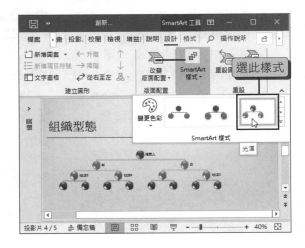

11 接著要將 SmartArt 圖形變成一般繪圖圖案，以便後續修改。在「重設」功能區中，按下「轉換」清單鈕，執行「轉換成圖形」指令。

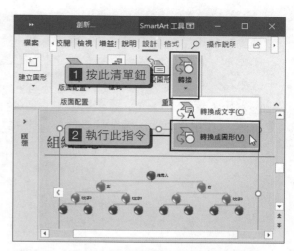

12 SmartArt 圖形轉換成一般繪圖圖案，接著切換到「繪圖工具 \ 格式」功能索引標籤，在「插入圖案」功能區的圖案樣式庫中，選擇「向下問號」圖案。

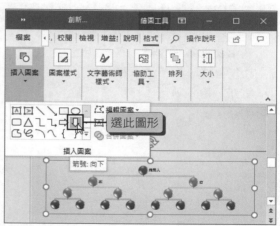

13 拖曳繪製出箭頭圖案，並按滑鼠右鍵開啟快顯功能表，執行「編輯文字」指令。

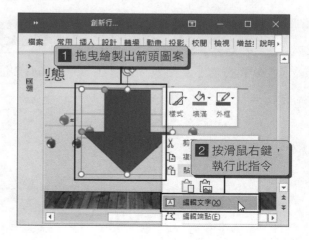

14 在箭頭中輸入文字「無限代」，切換到「常用」功能索引標籤，在「字型」功能區中，先修改字型大小為「44」；接著在「段落」功能區中，按下「行距」清單鈕，選擇「3.0」倍行距，讓文字接近圖案中央。

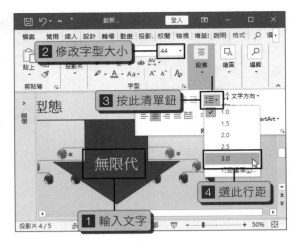

15 箭頭圖案會擋住原本 SmartArt 圖形，因此切換到「繪圖工具\格式」功能索引標籤，在「排列」功能區中，按下「下移一層」清單鈕，選擇執行「移到最下層」指令。

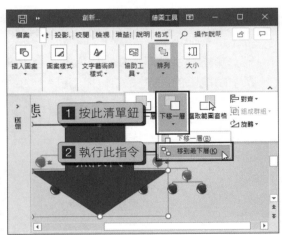

16 箭號圖案移到最下層，拖曳圖案控制點將圖案放大，並將變更圖案樣式為「溫和效果 - 粉紅，輔色 2」。

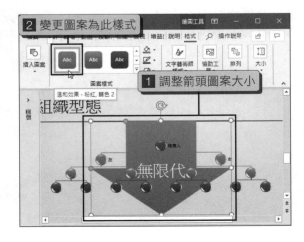

17 選取第 5 張投影片縮圖，選取表格中最後一列，切換到「表格工具 \ 版面配置」功能索引標籤，在「列與欄」功能區中，執行「插入下方列」指令。

18 表格中新插入一列，在新增列輸入文字。接著要依據表格資料，製作成圖表，按下 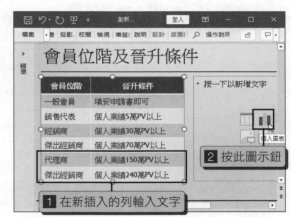 「圖表」圖示鈕。

19 開啟「插入圖表」對話方塊，選擇「直條圖」類型中的「群組直條圖」，按「確定」鈕。

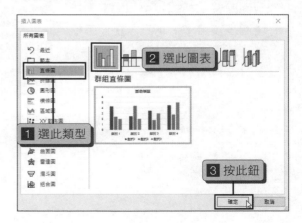

20 出現預設的 Excel 試算表，選取列 3~5，按滑鼠右鍵開啟快顯功能表，執行「刪除」指令。

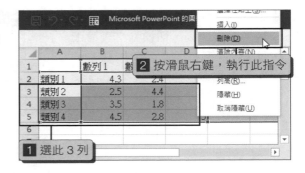

21 依據左邊表格內容，依序填入會員位階及晉升金額，圖表會即時更新預覽。輸入全部後，按下右上方的「關閉」鈕，關閉 Excel 試算表。

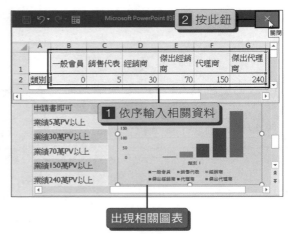

22 選取圖表區，切換到「圖表工具\設計」功能索引標籤，在「圖表版面配置」功能區中，按下「新增圖表項目」清單鈕，在「座標軸」項下，選擇取消「主水平」座標軸。

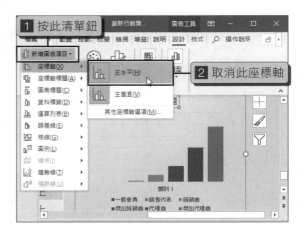

23 繼續在「圖表版面配置」功能區中，按下「新增圖表項目」清單鈕，在「圖表標題」項下，選擇「無」圖表標題，使圖表區看起來更清爽。

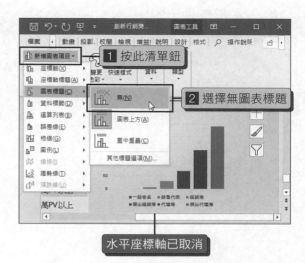

24 最後在「圖表樣式」功能區中，按下「變更色彩」清單鈕，選擇「單色的調色盤 9」樣式即可。

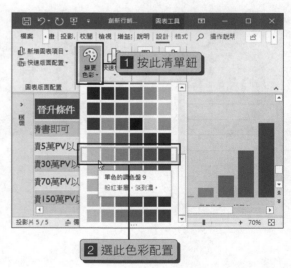

PART

4

Office 365 實用整合

範例檔案：實用整合範例檔 \Ch48 員工薪資明細表

單元 **48** 　**員工薪資明細表**

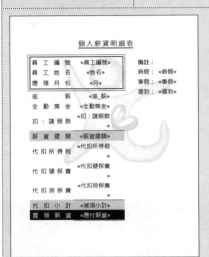

雖然現在公司發放薪水都是以轉帳的方式處理，但是薪資明細表還是要提供給員工，以便核對出缺勤及扣款的金額是否有誤。

範例步驟

1 雖然使用 Excel 也可以製作員工薪資明細表，但是效率還是比合併列印差一點，利用 Word 合併列印的功能，抓取 Excel 的薪資彙整表，可以在短時間製作數量較多員工薪資明細表。請開啟「實用整合範例檔 \Ch48 員工薪資明細表」資料夾，選擇「個人薪資明細表 .docx」，切換到「郵件」功能索引標籤，在「啟動合併列印」功能區中，按下「選取收件者」清單鈕，執行「使用現有清單」指令。

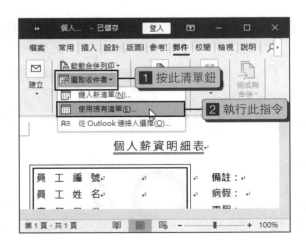

2 開啟「選取資料來源」對話方塊，開啟「實用整合範例檔\Ch48 員工薪資明細表」資料夾，選擇「薪資資料庫.xlsx」，按下「開啟」鈕。

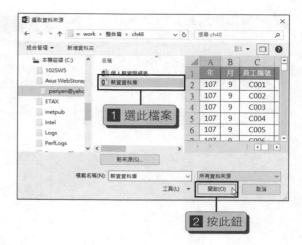

3 開啟「選取表格」對話方塊，選擇「薪資彙總表 $」工作表名稱，按下「確定」鈕。

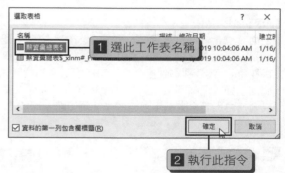

4 將編輯插入點移到文件表格中的「員工編號」位置，切換到「郵件」功能索引標籤，在「書寫與插入功能變數」功能區中，按下「插入合併欄位」清單鈕，選擇插入「員工編號」欄位名稱。

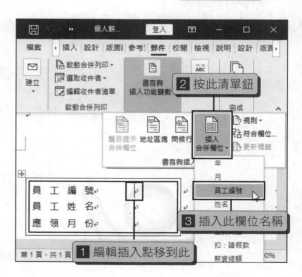

5 將編輯插入點移到文件表格中的「員工姓名」位置，在「書寫與插入功能變數」功能區中，執行「插入合併欄位」指令。

上面 2 個步驟都是執行同一個指令，為什麼有 2 個不同的處理程序？重點是游標的位置。有些指令下方帶有清單鈕，如「貼上」、「連結」、「資料驗證」…等，還有上面介紹的「插入合併欄位」，當游標移到指令文字和箭頭部分的位置，只會反白顯示含有文字和箭頭部分的半個圖示鈕，而按下滑鼠則會展開功能清單選項；反之，若游標移到指令圖示部分的位置，只會反白顯示含有圖示部分的半個圖示鈕，而按下滑鼠則會直接執行該指令。

6 此時會開啟「插入合併功能變數」對話方塊，選擇「姓名」欄位名稱，按「插入」鈕。陸續插入相對應的欄位名稱，完成後按「關閉」鈕關閉對話方塊。

7 接著要選擇列印月份的薪資資料，在「啟動合併列印」功能區中，執行「編輯收件者清單」指令。

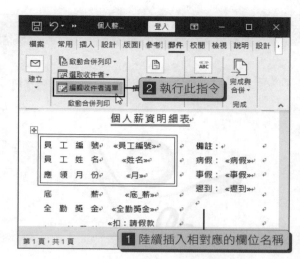

8 開啟「合併列印收件者」對話方塊，按下「篩選」鈕。

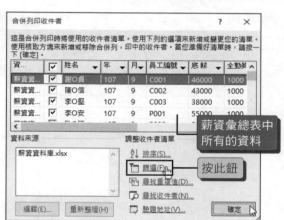

9 開啟「篩選與排序」對話方塊，選擇列印 107 年 12 月份的薪資明細。輸入第 1 個篩選條件欄位：「年」、邏輯比對：「等於」、比對值：「107」；輸入第 2 個篩選條件欄位：「月」、邏輯比對：「等於」、比對值：「12」，最後按下「確定」鈕。

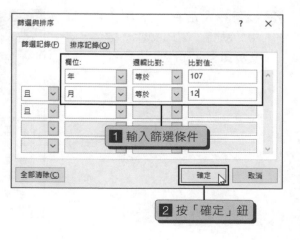

10 檢視篩選後的資料是否有誤，無誤則按下「確定」鈕。

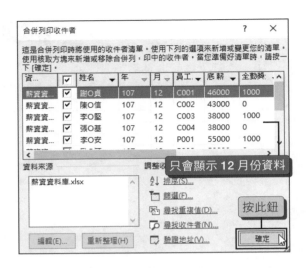

11 回到文件編輯視窗，切換到「郵件」功能索引標籤，在「預覽結果」功能區中，可按下「預覽結果」鈕預覽合併的結果，搭配左右箭頭移動上、下一筆記錄，檢視合併資料。

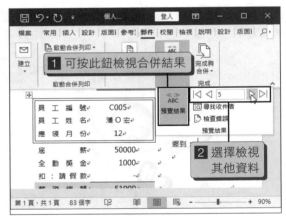

12 接著在「完成與合併」功能區中，執行「列印文件」指令，直接列印合併文件。

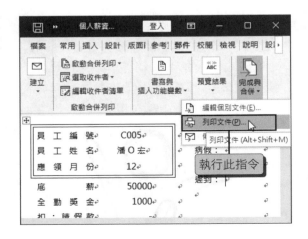

13 開啟「合併到印表機」對話方塊，選擇列印「全部」資料，按「確定」鈕。

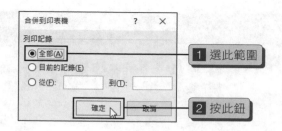

1 選此範圍

2 按此鈕

14 開啟「列印」對話方塊，選擇常用的印表機名稱，按「確定」鈕即可。

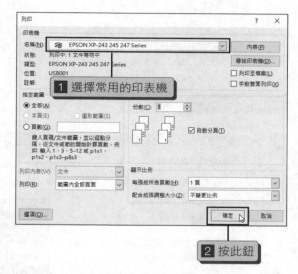

1 選擇常用的印表機

2 按此鈕

15 也可以在「完成與合併」功能區中，執行「編輯個別文件」指令，另外再合併一次全部資料到文件中，將每個月合併列印後的薪資明細表留存，多一份資料可供查核。

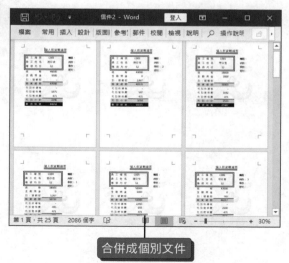

合併成個別文件

範例檔案：實用整合範例檔 \Ch49 團購數量統計表

單元 49 團購數量統計表

現在任何東西都流行團購，但是要登記和統計所有人的購買資料，對於團主來說可是一件需要耐心的工作。Google 很貼心的提供雲端表單功能，只要將設計好的表單儲存位置，傳送給好友們，讓好友們自行填寫要購買的數量、取貨方式…等相關資料，等時間一到再進行統計的工作，十分便利。

範例步驟

1 請先開啟網際網路輸入以下網址：「https://www.google.com/intl/zh-TW/forms/about/」，開啟 Google 表單網頁。按下「前往 Google 表單」鈕，開始設計表單。（在這之前必須先有 Google 帳號，若無，請依照網頁指示新增帳號）

2 按下 ⊕ 符號，建立新表單。

3 開啟新表單設計網頁，將編輯插入點移到「Untitled form」（無標題表單）處，輸入表單標題「團購數量登記表」，也就是表單的檔案名稱；將編輯插入點移到「表單說明」處輸入要與填表人說明的事項，可能是使用說明或產品介紹均可。

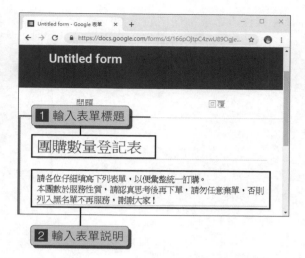

4 接著開始設計表單內容。在 Untitled Question 處先輸入問題 1 題目為「帳戶名稱」，按下「選擇題」清單鈕，重新選擇題型。

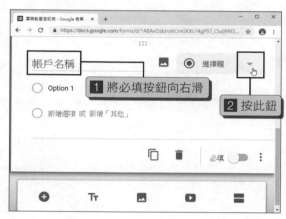

5 選擇「簡答」題型。原則上 Google 會依據題目給予建議的題型，若無建議，則須在此處自行設定。

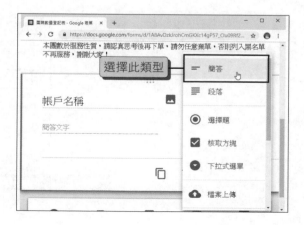

6　按住「必填」鈕向右滑動，將這
　　個問題設為必填題。按下「其他
　　設定」鈕，增加更多説明文字。

7　選擇顯示「說明」選項，藉以增
　　加說明文字區域。

8　輸入説明文字後，按下 ⊕「新增
　　問題」鈕，設計第二題。

9 輸入問題文字「快樂鼠尾草手工皂」，並新增說明文字。接著按下「插入圖片」鈕，插入產品圖片。

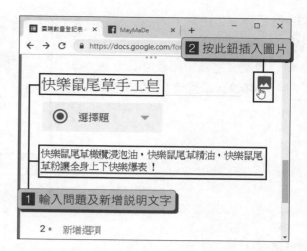

10 按下「選擇要上傳的圖片」文字鈕。

11 開啟「開啟舊檔」對話方塊，選擇「實用整合範例檔 \Ch49 團購數量統計表」資料夾下的「快樂鼠尾草手工皂 .jpg」圖檔，按下「開啟」鈕。

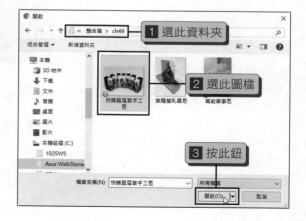

12 在選項 1 中輸入「1 個」，上方會出現建議選項，直接按「全部新增」文字鈕，則會自動增加 2~5 的選項，自行加入單位數即可。

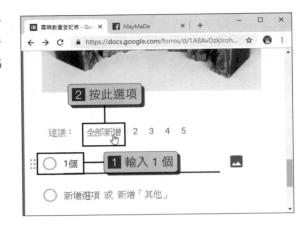

13 接著設計下一題，選擇「下拉式選單」題型，輸入題目為「取貨方式」，說明文字自行設定，此題設定為「必填」，完成這一題。

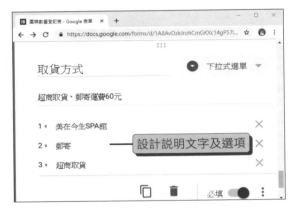

14 設計完登記表後，捲動到頂端，按下「傳送」鈕準備將表單公布出去。

15 傳送方式選擇使用「連結」方式，此時連結空白處會顯示檔案儲存的雲端網址，不想網址過長，可勾選「縮短網址」選項，按下 G+ f y 社群網站圖示鈕，則可透過該網站傳遞網址給好友們。本範例使用 f 「透過 Facebook 共用表單」。

16 開啟 FB 網頁會自動將設定好圖片及連結，輸入分享文字後，選擇分享的隱私範圍後，按下「發佈到 Facebook」鈕。

17 當你的朋友按下連結後,自動連結到雲端表單,就可以開始填寫表單,填寫完畢後按下「提交」鈕,就會將資料傳回雲端資料庫。

1 填寫表單

2 按此鈕

18 經過一段時間,陸陸續續收到回傳的表單後,開始要做統計的工作。再次進入 Google 表單網頁,將游標移到「團購數量登記表」上方,按一下滑鼠開啟表單。

按一下滑鼠開啟此表單

19 切換到「回覆」索引標籤，可看出目前有 11 筆回覆資料，下方還有圖表可顯示各問題的統計資訊。若要結束登記活動，則向左滑動「接受回應」鈕。

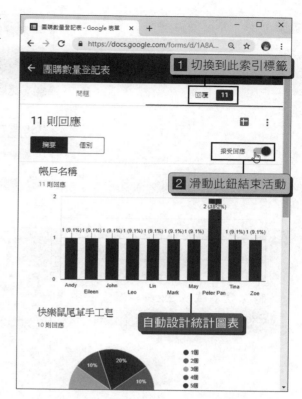

20 輸入結束活動的訊息文字。按下 ➕「建立試算表」鈕，進行資料統計。

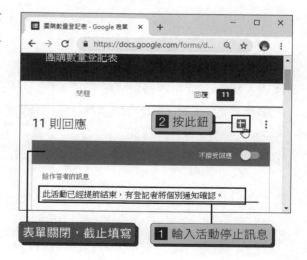

21 選擇「建立新試算表」項目，按
　下「建立」鈕。

22 資料以 Google 試算表程式開啟，
　使用者可以直接在此進行統計工
　作，若不習慣使用介面，也可以
　將檔案下載成 Excel 檔案，使用
　Excel 統計。

開啟 Google 試算表

23 在「檔案」索引標籤中，按「下
　載格式」清單鈕，選擇「Microsoft
　Excel(.xlsx)」檔案格式。

24 下方狀態列會出現已下載的檔案名稱，按下「團購數量登記（回覆）.xlsx」檔案名稱，出現快顯功能表，選擇執行「開啟」指令即可開啟 Excel 檔案。

25 相關資料請開啟「實用整合範例檔 \Ch49 團購數量統計表」資料夾，選擇「團購數量登記表（回覆）.xlsx」，按下「啟用編輯」鈕，就可以開始統計工作。

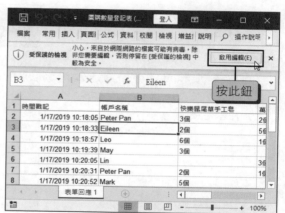

26 先在 F1 儲存格輸入「手工皂數量」標題文字，接著在 F2 儲存格輸入公式「=IF(C2="",0,VALUE(LEFTB(C2,2)))」，計算要計價的手工皂數量。

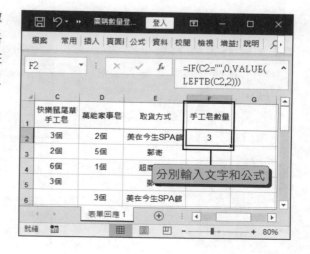

27 G1 儲存格輸入「家事皂數量」標題文字，複製 F2 儲存格公式到 G2 儲存格。

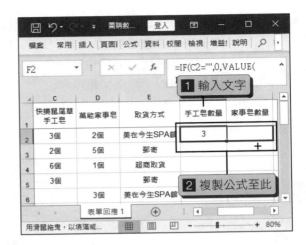

28 選取 H1 和 I1 儲存格輸入「小計金額」和「郵資」標題文字，接著分別在 H2 和 I2 儲存格輸入公式「=F2*300+G2*120」和「=IF(E2="美在今生 SPA 館",0,60)」。

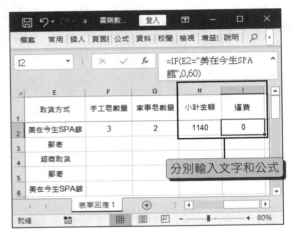

29 選取 J1 儲存格輸入「應收金額」標題文字，並輸入公式「=H2+I2」。最後選取 F2:I2 儲存格範圍，使用拖曳的方式，將公式複製到下方儲存格。

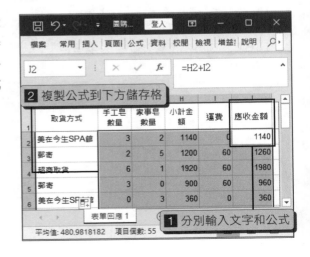

30 若要使用 Excel 進行統計工作，第一個想到的功能應該就是「樞紐分析表」。請延續上一步驟範例，或開啟「實用整合範例檔 \Ch49 團購數量統計表」資料夾，選擇「團購數量登記表 1.xlsx」，切換到「插入」功能索引標籤，在「表格」功能區中，執行「樞紐分析表」指令。

31 開啟「建立樞紐分析表」對話方塊，使用預設的資料範圍「'表單回應 1'!$A$1:$J$12」，按下「確定」鈕。

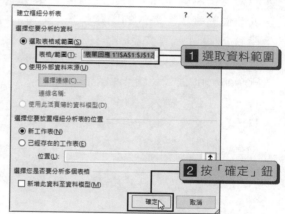

32 在「樞紐分析表欄位」工作窗格中，設定樞紐分析表版面配置方式為「列」區域為「取貨方式」和「帳戶名稱」；「∑ 值」為「加總 - 手工皂數量」、「加總 - 家事皂數量」和「加總 - 應收金額」。編輯區立刻顯示統計結果，每個取貨點訂購數量和應收明細。

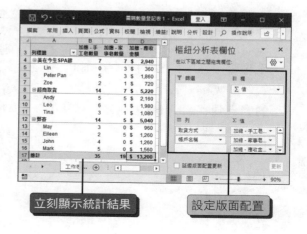

範例檔案：實用整合範例檔 \Ch50 宣傳廣告播放

單元 50 宣傳廣告播放

以 PowerPoint 格式儲存的檔案，必須使用 PowerPoint 軟體才能開啟和播放，雖然現在的行動裝置大部分都會支援，但是還不是最普及的，如果將檔案儲存成用 Media Player 就可以播放的檔案格式，那麼幾乎就大小通吃。

範例步驟

1 想要將多個簡報檔的投影片彙整成一個簡報檔，最大的困難就是母片的設計，首先想到的方法是插入物件就好了。請先開啟 PowerPoint 程式新增一個空白簡報，切換到「插入」功能索引標籤，在「文字」功能區中，執行插入「物件」指令。

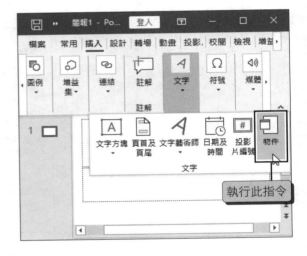

2 開啟「插入物件」對話方塊，選擇「由檔案建立」物件，按下「瀏覽」鈕，選擇「PowerPoint 範例檔 \Ch41 公司簡介」資料夾的「公司簡介.pptx」檔案，按「確定」鈕。

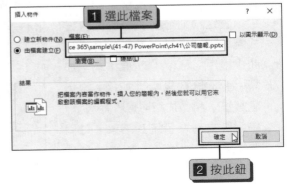

3 檔案以類似圖片型態的物件插入，若以 PowerPoint 播放，這一張投影片其實包含了整個檔案所有的投影片，但僅能顯示第一張。按住物件的控制點，將物件放大到與投影片版面相同大小。

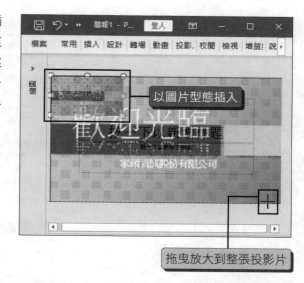

以圖片型態插入

拖曳放大到整張投影片

4 第二個想法就是用複製，將特定的投影片複製到新簡報檔，但是只能複製投影片上面的物件，並無法複製背景。如果是使用 PowerPoint 預設的佈景主題，還可以在新檔案中直接套用，但是自行設計的背景圖案，那可就有些麻煩。另外開啟「PowerPoint 範例檔 \Ch43 旅遊行程簡報」資料夾中的，「員工旅遊行程簡報 .pptx」檔案，直接切換到「設計」功能索引標籤，按下「佈景主題」功能區右下角的「其他」樣式清單鈕，執行「儲存目前的佈景主題」指令。

執行此指令

5 開啟「儲存目前的佈景主題」對
話方塊，輸入檔案名稱「旅遊」，
按「儲存」鈕。

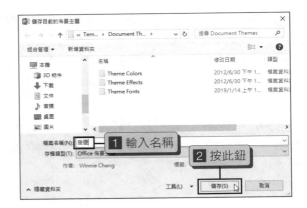

6 選擇第一張投影片縮圖，切換到
「常用」功能索引標籤，在「剪
貼簿」功能區中，執行「複製」
指令。

7 接著切換到「檢視」功能索引標
籤，在「視窗」功能區中，按下
「切換視窗」清單鈕，選擇切換
到「簡報 1」檔案編輯視窗。

8 切換回「簡報 1」編輯視窗，不需要另外新增投影片，直接切換到「常用」功能索引標籤，在「剪貼簿」功能區中，執行「貼上」指令。

9 旅遊行程投影片中的物件被複製到新檔案，切換到「設計」功能索引標籤，選擇套用剛儲存的「旅遊」佈景主題。

10 依相同方法陸續複製其他檔案投影片到新簡報檔，但是一個檔案只能套用一個佈景主題？請選擇「實用整合範例檔 \Ch50 宣傳廣告播放」資料夾，開啟「宣傳廣告播放 1.pptx」檔案，切換到「檢視」功能索引標籤，在「簡報檢視」功能區中，執行「投影片瀏覽」指令。

11 重新回到「標準」簡報檢視模式，選取第 2 張投影片，切換到「常用」功能索引標籤，在「投影片」功能區中，按下「章節」清單鈕，執行「新增節」指令。

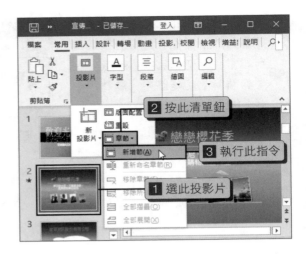

12 自動開啟「重新命名章節」對話方塊，輸入新章節名稱「旅遊」，按下「重新命名」鈕。

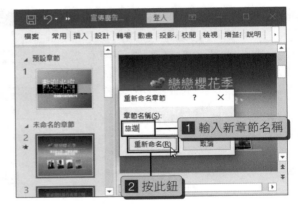

TIPS

如果沒有自動開啟「重新命名章節」對話方塊，只要選取投影片縮圖上方的章節名稱「未命名的章節」，按下「章節」清單鈕，或按滑鼠右鍵開啟快顯功能表，執行「重新命名章節」指令，即可開啟對話方塊。

13 選取第 3 張投影片，同樣「新增章節」後，重新命名為「手冊」。切換到「設計」功能索引標籤，在「佈景主題」功能區中，選擇套用「切割線」佈景主題。

14 依相同方法，新增章節並重新命名，就可以套用不同的佈景主題。

15 請選擇「實用整合範例檔 \Ch50 宣傳廣告播放」資料夾，開啟「宣傳廣告播放 2.pptx」檔案，切換到「檔案」功能索引標籤，在「另存新檔」功能區中，選擇「瀏覽」要儲存的資料夾。

16 開啟「另存新檔」對話方塊,按下「存檔類型」清單鈕,在眾多檔案類型中選擇「Mepg-4 視訊」類型。

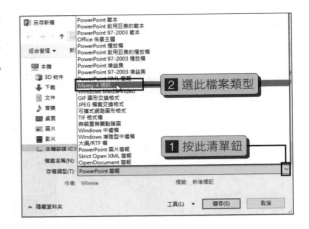

17 選擇儲存在「影片」資料夾,輸入檔名「宣傳廣告播放」,按下「儲存」鈕,就可以去泡杯咖啡等儲存完成。

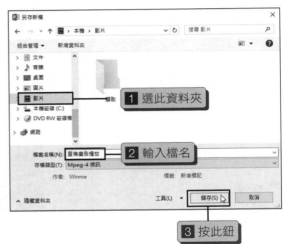

18 轉檔完成後,開啟「影片」資料夾,選取「宣傳廣告播放」影片檔,出現「播放\視訊工具」功能索引標籤,按下「播放」鈕。

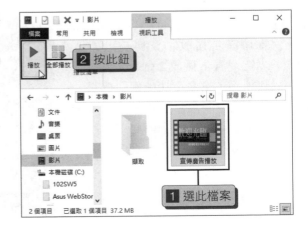

19 開始播放了！動畫效果也會播放
喔！

A

APPENDIX

探索 Office 365
的翻譯能力

Office 365 的翻譯功能主要是透過 Microsoft Translator 來進行。這項功能目前適用於 Word、Excel、OneNote、Outlook 和 PowerPoint。使用此功能，您可以將全部或部分文件翻譯成另一種語言。

TIPS

深入了解 Microsoft Translator 的功能與特性

Microsoft Translator 稱為「微軟翻譯」，是一款功能強大的翻譯工具，提供多種語言和多種形式的翻譯服務，支援多達 60 種語言，無論是文字、語音、對話，還是照片或截圖，均能輕鬆應對。同時提供離線翻譯功能，只需提前下載語言文庫，即可在無網路連接的情況下使用，隨時隨地滿足翻譯需求。透過相機拍攝想要翻譯的畫面，可立即獲得準確的翻譯結果，達到即時照片翻譯。此外，即時多國語言翻譯功能亦讓對話變得簡單，無論是經由拍照還是語音，都能提供快速而準確的翻譯。

微軟翻譯還能延伸至 Safari 和其他第三方應用，做到網頁內容的即時翻譯，大大提升瀏覽體驗。使用 Reddit 或其他聊天程式時，微軟翻譯同樣能即時翻譯，方便與不同語言使用者的溝通。而對於收到的英文郵件內容，利用內建的翻譯功能將幫助您快速理解和回應，提高工作效率，是日常生活和工作中不可或缺的語言助手。

A-1 Office 365 的翻譯功能之操作步驟簡介

Office 365 的翻譯功能操作方式如下：(底下操作步驟以 Word 365 為例)

範例步驟

1 開啟 Word、Excel 或 PowerPoint 文件。

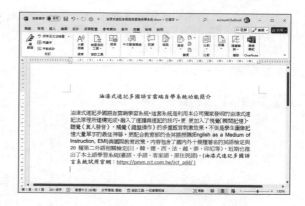

2 選擇您想要翻譯的文字或者選擇整個文件。此處先以「翻譯文件」這項功能進行示範：

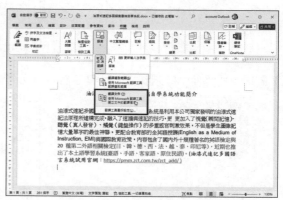

TIPS

認識「選取範圍」及「翻譯文件」的功能上的差異性

以下是 Office 365 翻譯功能中的「翻譯選取範圍」和「翻譯文件」的主要差異：

- **翻譯選取範圍**：讓您可以選擇文件中的特定部分進行翻譯。您只需要選取想要翻譯的文字，然後選擇「翻譯」功能。翻譯後的結果會在右側顯示原文及翻譯後的內容。此外，還可以將翻譯內容插入到文件中。

- **翻譯文件**：讓您可以將整個文件翻譯成另一種語言。當選擇「翻譯文件」時，系統會直接另開新的 Word 檔來顯示翻譯後的內容。這對於需要將整份文件翻譯成另一種語言的情況非常有用。

總的來說，此兩種功能都非常實用，但適用的情境不同。如果您只需要翻譯文件中的某一部分，那麼「翻譯選取範圍」會是一個好選擇。如果您需要將整份文件翻譯成另一種語言，那麼「翻譯文件」則更為適合。

---

3 點選「校閱」標籤，然後選擇「翻譯」。

4 馬上在文件中顯示翻譯的結果，如下圖所示：

接下來的例子，我們以「翻譯選取範圍」這項功能進行示範，操作如下：

1 開啟文件，選取要翻譯的範圍，
如下圖所示：

2 點選「校閱」標籤，在「翻譯」
的下拉選單中，選擇「翻譯選取
範圍」，接著會出現如下圖右側視
窗的翻譯結果：

3 點選上圖中「插入」鈕，就會將
指定範圍的翻譯結果插入到文件
之中。

接下來我們將在 Word、Excel 和 PowerPoint 中分別示範實際應用例子：

A-2 在 Word 365 中的實際應用例子

假設您正在閱讀一份英文報告，但您的母語是中文。您可以使用 Office 365 的翻譯功能，將報告從英文翻譯成中文，以便您更好地理解內容。以下是利用 Office 365 的翻譯功能將一份英文文件翻譯成一份中文文件的操作步驟：

1 首先，執行 Word 應用程式，並開啟欲翻譯的英文文件。

2 接著，點選頂部功能列的「校閱」標籤。在「校閱」標籤下，找到並點選「翻譯」選項。在「翻譯」的下拉選單中，選擇「翻譯文件」。

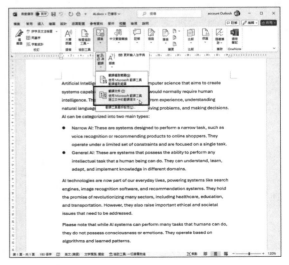

3 一個新的視窗會彈出，詢問您想
要將文件翻譯成哪種語言。在這
裡，您可以選擇「中文 (繁體)」
或「中文 (簡體)」，視您的需求
而定。

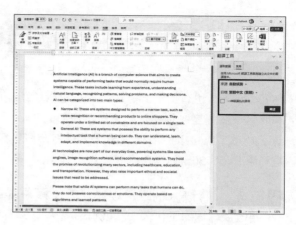

4 點選「翻譯」按鈕開始翻譯，所
需時間取決於文件長度。翻譯完
成後，系統會在新的 Word 文件
中顯示翻譯後的內容。

請注意，雖然 Office 365 的翻譯功能非常強大，但它可能無法完美地翻譯所有的內
容。在使用翻譯後的文件之前，建議您仔細檢查並校對翻譯的結果。

A-3　在 Excel 365 中的實際應用例子

在 Excel 365 也有提供翻譯功能，它可以協助使用者將工作表的指定範圍從某個語言翻譯成另一個語言。例如，如果您在使用的 Excel 工作表內容，但對於某些內容的英文名稱不熟悉，您可以使用這個翻譯工具將這些指定範圍的工作表內容翻譯成中文。以下是利用 Excel 365 翻譯功能的操作步驟：

1 首先，執行 Excel 應用程式，並開啟欲翻譯的工作表。（範例檔：資料查閱 .xlsx）

2 接著，選擇要翻譯的儲存格或範圍。

3 點選上方功能列的「校閱」標籤。在「校閱」標籤下，找到並點選「翻譯」選項。

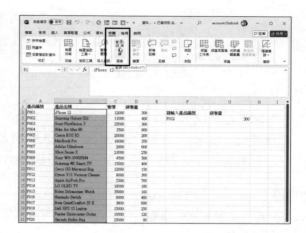

4 一個新的視窗會彈出，顯示您選擇的內容的翻譯。您可以在這裡選擇目標語言，並看到翻譯的結果。

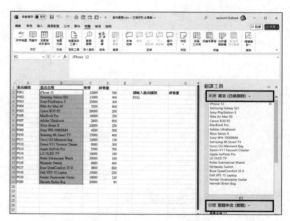

5 如果您滿意翻譯的結果，即可將翻譯的內容複製貼上至原始的儲存格或範圍中。

請注意，雖然 Excel 的翻譯功能非常強大，但它可能無法完美地翻譯所有的內容。在使用翻譯後的資料之前，建議您仔細檢查並校對翻譯的結果。

A-4 在 PowerPoint 365 中的實際應用例子

假設您正在準備一場以英文進行的簡報，但您的觀眾中有一部分人的母語是中文。在這種情況下，您可以使用 Office 365 的翻譯功能，將您的簡報從英文翻譯成中文，並在簡報期間顯示中文的字幕。以下是利用 PowerPoint 365 翻譯功能的操作步驟：

1 首先，執行 PowerPoint 應用程式，並開啟欲翻譯的簡報。

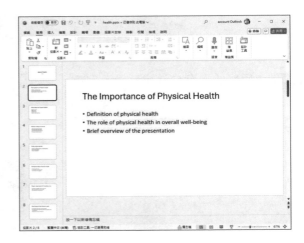

2 接著，選取要翻譯的範圍，點選上方功能列的「校閱」標籤。在「校閱」標籤下，找到並點選「翻譯」選項。

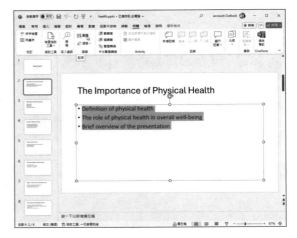

3 一個新的視窗會彈出,顯示您選擇的內容的翻譯。您可以在這裡選擇目標語言,並看到翻譯的結果。

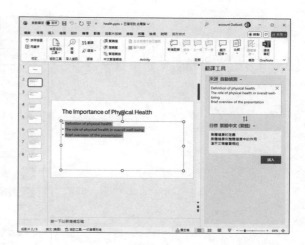

4 如果您滿意翻譯的結果,即可選擇「插入」按鈕,將翻譯的內容置入到原始的投影片中。

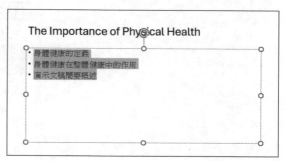

A-4-1 PowerPoint 的「即時字幕」語言翻譯功能

此外,如果您想在簡報期間顯示中文的字幕,您可以使用 PowerPoint 的「即時字幕」功能。以下是操作步驟:

1 在您的簡報中,點選「投影片放映」標籤,並從「輔助字幕與字幕」功能區塊中勾選「一律使用字幕」。

2 選擇您的口語語言（在這種情況下應該是英文 (美國)）和字幕語言（在這種情況下應該是繁體中文）。

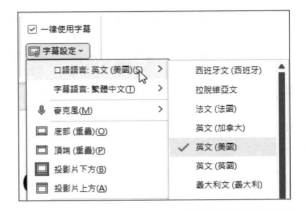

3 接著，可以按下簡報放映的快速鍵 F5，開始您的簡報放映，此時應該能看到您的話語被即時翻譯成中文字幕並顯示在螢幕上。

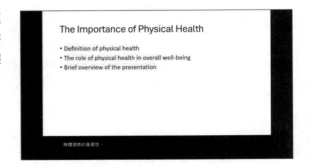

請注意，雖然 PowerPoint 的翻譯功能非常強大，但它可能無法完美地翻譯所有的內容。在使用翻譯後的簡報之前，建議您仔細檢查並校對翻譯的結果。

讀者回函

讀者回函

感謝您購買本公司出版的書，您的意見對我們非常重要！由於您寶貴的建議，我們才得以不斷地推陳出新，繼續出版更實用、精緻的圖書。因此，請填妥下列資料(也可直接貼上名片)，寄回本公司(免貼郵票)，您將不定期收到最新的圖書資料！

購買書號：   **書名：**

姓　　名：＿＿＿＿＿＿＿＿＿＿＿＿＿＿＿＿＿＿＿＿＿

職　　業：□上班族　　□教師　　□學生　　□工程師　　□其它

學　　歷：□研究所　　□大學　　□專科　　□高中職　　□其它

年　　齡：□10~20　　□20~30　　□30~40　　□40~50　　□50~

單　　位：＿＿＿＿＿＿＿＿＿＿＿　部門科系：＿＿＿＿＿＿＿

職　　稱：＿＿＿＿＿＿＿＿＿＿＿　聯絡電話：＿＿＿＿＿＿＿

電子郵件：＿＿＿＿＿＿＿＿＿＿＿＿＿＿＿＿＿＿＿＿＿

通訊住址：□□□＿＿＿＿＿＿＿＿＿＿＿＿＿＿＿＿＿＿＿

＿＿＿＿＿＿＿＿＿＿＿＿＿＿＿＿＿＿＿＿＿＿＿＿＿

您從何處購買此書：

□書局＿＿＿＿＿　□電腦店＿＿＿＿＿　□展覽＿＿＿＿＿　□其他＿＿＿＿＿

您覺得本書的品質：

內容方面：　□很好　　　　□好　　　　□尚可　　　　□差

排版方面：　□很好　　　　□好　　　　□尚可　　　　□差

印刷方面：　□很好　　　　□好　　　　□尚可　　　　□差

紙張方面：　□很好　　　　□好　　　　□尚可　　　　□差

您最喜歡本書的地方：＿＿＿＿＿＿＿＿＿＿＿＿＿＿＿＿＿＿

您最不喜歡本書的地方：＿＿＿＿＿＿＿＿＿＿＿＿＿＿＿＿

假如請您對本書評分，您會給(0~100分)：＿＿＿＿＿　分

您最希望我們出版那些電腦書籍：

請將您對本書的意見告訴我們：

您有寫作的點子嗎？□無　　□有　　專長領域：＿＿＿＿＿＿＿＿＿

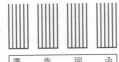

廣　告　回　函
台灣北區郵政管理局登記證
北 台 字 第 4 6 4 7 號
印 刷 品 ‧ 免 貼 郵 票

221

博碩文化股份有限公司　產品部

新北市汐止區新台五路一段112號10樓A棟

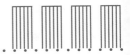

如何購買博碩書籍

全省書局

請至全省各大書局、連鎖書店、電腦書專賣店直接選購。

（書店地圖可至博碩文化網站查詢，若遇書店架上缺書，可向書店申請代訂）

信用卡及劃撥訂單（優惠折扣85折，未滿1,000元請加運費80元）

請於劃撥單備註欄註明欲購之書名、數量、金額、運費，劃撥至

帳號：17484299　戶名：博碩文化股份有限公司，並將收據及

訂購人連絡方式傳真至(02)26962867。

線上訂購

請連線至「博碩文化網站 http://www.drmaster.com.tw」，於網站上查詢

優惠折扣訊息並訂購即可。

信用卡 CREDIT CARD

專用訂購單

※優惠折扣請上博碩網站查詢，或電洽 (02)2696-2869#307
※請填妥此訂單傳真至(02)2696-2867 或直接利用背面回郵直接投遞。謝謝！

一、訂購資料

	書號	書名	數量	單價	小計
1					
2					
3					
4					
5					
6					
7					
8					
9					
10					
				總計 NT$	

總　計：NT＄_____　　X 0.85 ＝折扣金額 NT$_____

折扣後金額：NT＄_____　＋ 掛號費：NT＄_____

＝總支付金額 NT＄_____　　　　※各項金額若有小數，請四捨五入計算。

「掛號費 80 元，外島縣市 100 元」

二、基本資料

收 件 人：_____　　生日：_____年_____月_____日

電　　話：(住家)_____　(公司)_____ 分機_____

收件地址：□□□ _____

發票資料：□ 個人（二聯式）　□ 公司抬頭/統一編號：_____

信用卡別：□ MASTER CARD　□ VISA CARD　　□ JCB 卡　　□ 聯合信用卡

信用卡號：□□□□ □□□□ □□□□ □□□□ □□□□

身份證號：□□□□□□□□□□

有效期間：_____年_____月止 （總支付金額）

訂購金額：_____元整

訂購日期：_____年_____月_____日

持卡人簽名：_____　　　　（與信用卡簽名同字樣）

- - - 黏 貼 處 - - -

廣　告　回　函
台灣北區郵政管理局登記證
北 台 字 第 4 6 4 7 號
印 刷 品 ・ 免 貼 郵 票

221
博碩文化股份有限公司　業務部
新北市汐止區新台五路一段 112 號 10 樓 A 棟

如何購買博碩書籍

全 省書局

請至全省各大書局、連鎖書店、電腦書專賣店直接選購。

（書店地圖可至博碩文化網站查詢，若遇書店架上缺書，可向書店申請代訂）

信 用卡及劃撥訂單（優惠折扣 85 折，未滿 1,000 元請加運費 80 元）

請於劃撥單備註欄註明欲購之書名、數量、金額、運費，劃撥至

帳號：17484299　戶名：博碩文化股份有限公司，並將收據及

訂購人連絡方式傳真至 (02) 26962867。

線 上訂購

請連線至「博碩文化網站 http://www.drmaster.com.tw」，於網站上查詢

優惠折扣訊息並訂購即可。